배우기

Eureka Math®
1학년
모듈 2 & 3

Great Minds PBC is the creator of Eureka Math®,
Wit & Wisdom®, Alexandria Plan™, and PhD Science™.

Published by Great Minds PBC. greatminds.org

Copyright © 2020 Great Minds PBC. All rights reserved. No part of this work may be reproduced or used in any form or by any means—graphic, electronic, or mechanical, including photocopying or information storage and retrieval systems—without written permission from the copyright holder.

ISBN 978-1-64929-193-6

1 2 3 4 5 6 7 8 9 10 CCD 25 24 23 22 21 20

Printed in the USA

배우기 • 연습하기 • 성공하기

Eureka Math® 학생용 자료 단위 이야기® (K–5)는 배우기, 연습하기, 성공하기 트리오에서 확인하실 수 있습니다. 이 시리즈는 학생용 자료집을 체계적으로, 이용하기 쉽게 유지하여 다른 책들과 차별화되며 교육 과정에 도움을 드립니다. 교육자들은 배우기, 연습하기, 성공하기 시리즈가 또한 일관적이며 중재 반응 모델 (RTI), 추가 연습 및 여름 방학 동안 학습을 위해 보다 효과적인 자료를 제공하는 것을 알게 될 것입니다.

배우기

Eureka Math 배우기는 학생들의 사고를 보이고, 알고 있는 것을 공유하며, 지식이 매일 쌓이는 것을 지켜보는 학생 같은 반 친구 역할을 합니다. 배우기는 적용 문제, 마무리 평가, 문제 세트, 템플릿 등 일상 수업을 쉽게 보관하고 찾아볼 수 있는 양으로 구성됩니다.

연습하기

모든 Eureka Math 수업은 Eureka Math 연습하기에서 찾아볼 수 있는 활동을 포함한 활기차고 즐거운, 실력 향상 연습문제로 시작합니다. 수학적 사실에 능숙한 학생들은 더 많은 자료를 더 깊이 익힐 수 있습니다. 연습과 함께, 학생들은 새로 습득한 기술에 대한 역량을 키우고 다음 수업을 위해 이전에 배웠던 사실을 한 번 더 복습해볼 수 있습니다.

배우기와 연습하기 모두 핵심적인 수학 수업에서 사용할 모든 프린트를 제공합니다.

성공하기

Eureka Math 성공하기는 학생들이 수학을 마스터할 수 있도록 자습할 수 있는 환경을 제공합니다. 이러한 추가 문제 세트는 수업별 진도에 맞춰 배정되므로, 숙제 또는 추가 연습에 이상적입니다. 각 문제 세트에는 유사한 문제를 해결하는 방법을 보여주는 예제가 포함된 숙제 도우미가 들어있습니다.

교사 및 과외 교사는 이전 학년 수준의 성공 책을 사용하여 학생들 간의 기초 지식 격차를 줄이기 위한 일관된 커리큘럼 유지 도구로서 사용할 수 있습니다. 학생들에게 친숙한 책 구성으로 현재 학년 수준의 내용을 더 쉽게 이해할 수 있게 되어, 더 빠르게 향상되고 발전할 것입니다.

학생, 가족 및 교육자:

수학의 기쁨, 놀라움, 전율을 축하할 수 있는 *Eureka Math®* 커뮤니티의 일원이 되어주셔서 감사합니다.

Eureka Math 교실에서는 풍부한 경험과 대화를 통해 새롭게 학습할 수 있습니다. 배우기 책은 각 학생의 손에 수업 시간에 배운 내용을 표현하고 통합하는 데 필요한 프롬프트와 문제 순서를 제시합니다.

배우기 책 안에는 어떤 내용이 들어있나요

응용문제: 실제 상황에서 문제 해결은 Eureka Math에서는 매일 해야 하는 일입니다. 학생들은 새롭고 다양한 상황에서 지식을 적용할 때 자신감과 인내심을 키울 수 있습니다. 커리큘럼에서는 학생들이 문제 읽기 (Read the problem), 문제를 이해하기 위해 그림을 그리기 (Draw to make sense of the problem), 식과 해답을 쓰기 (Write an equation and solution)의 RDW 과정을 사용하도록 권장합니다. 학생들이 자신이 공부한 것을 공유하고, 서로 해결 전략을 설명해줄 것이기에 교사들에게도 도움이 됩니다.

문제 세트: 신중하게 구성된 문제 세트는 차별화를 위한 여러 진입점을 두어, 수업 내에서 자습할 기회를 제공합니다. 교사는 준비 및 사용자 정의 프로세스를 사용하여 각 학생을 위한 "반드시 풀어야 할" 문제를 선택할 수 있습니다. 어떤 학생들은 다른 학생들보다 더 많은 문제를 풀 수도 있지만, 중요한 점은 모든 학생이 선생님의 도움을 거의 받지 않고 스스로 자신이 배운 것을 바로 활용할 수 있는 10분짜리 쉬는 시간이 있다는 점입니다.

학생들은 각 단원에서 정점을 이루는 스스로 생각해보기로 문제 세트를 이어갈 것입니다. 여기에서 학생들은 반 친구들 및 선생님과 함께, 그날 궁금했던 것, 깨달은 것, 배운 것을 확실하게 설명하고 공고히 해 반영해볼 수 있습니다.

마무리 평가: 학생들은 매일 마무리 평가를 학습해 자신이 아는 것을 교사에 보여줄 수 있습니다. 얼마나 확인했는지 확인할 수 있는 이것은 교사에게 그 날 수업이 어땠는지 실시간으로 알려주는 귀중한 자료가 되어, 다음에는 어떤 부분에 집중해야 할지를 알려주는 중요한 인사이트를 제공할 수 있습니다.

템플릿: 때때로, 응용문제, 문제 세트 또는 기타 교실 활동을 하기 위해 학생들이 자신만의 그림, 재사용할 수 있는 모형 또는 데이터 세트를 가지고 있어야 합니다. 이러한 각 템플릿에는 필요한 첫 번째 수업이 제공됩니다.

어디서 Eureka Math 자료를 더 알아볼 수 있을까요?

Great Minds® 팀은 eureka-math.org에서 계속해서 업데이트되는 자료 라이브러리를 통해 지속적으로 학생, 가족 및 교육자를 도와드리기 위해 노력하고 있습니다. 또한, 웹사이트에서는 Eureka Math 커뮤니티의 놀라운 성공 스토리를 확인하실 수 있습니다. 여러분의 인사이트와 성취를 다른 사용자들과 공유해서 Eureka Math 챔피언이 되어보세요.

놀라운 순간으로 가득 찬 1년이 되기를 기원합니다!

질 디니즈
수학 책임자
Great Minds

읽기-그리기-쓰기 과정

Eureka Math 커리큘럼은 교사가 도입한 단순하고 반복 가능한 프로세스를 사용하여 학생들이 문제를 해결하고자 할 때 도움이 됩니다. 읽기–그리기–쓰기 (RDW) 과정에서 학생들은 다음처럼 행동해야 합니다.

1. 문제를 읽으세요.
2. 그리고 표시하세요.
3. 식을 쓰세요.
4. 단어로 된 문장(명제)을 작성하세요.

교육자들은 다음과 같은 질문을 통해 과정을 돕도록 합니다.

- 무엇을 봅니까?
- 무언가를 그릴 수 있습니까?
- 그림에서 어떤 결론을 내릴 수 있습니까?

더 많은 학생들이 이 체계적이고 개방적 접근 방식을 통해 문제 추론에 참여할수록, 이 사고 과정을 내재화하고 앞으로도 문제 해결 상황에서 본능적으로 이 프로세스를 적용할 수 있을 것입니다.

내용

모듈 2: 숫자 20이내에서의 덧셈과 뺄셈을 통한 자릿값 소개

주제 A: 알 수 없는 결과와 알 수 없는 총합 문제를 풀기 위해 이어 세기 또는 10 만들기

1과 3
2과 9
3과 15
4과 21
5과 27
6과 33
7과 39
8과 45
9과 51
10과 57
11과 63

주제 B: 알 수 없는 결과와 알 수 없는 총합 문제를 풀기 위해 이어 세기 또는 10 에서 가져오기

12과 69
13과 77
14과 83
15과 89
16과 95
17과 101
18과 107
19과 115
20과 121
21과 129

주제 C: 변화 또는 알 수 없는 가수 문제를 풀기 위한 방법

22과 135

23과 139

24과 145

25과 151

주제 D: 1 십과 몇 개의일과 같은 10의 자리 숫자의 분해를 포함한 다양한 문제

26과 157

27과 163

28과 169

29과 175

모듈 3: 숫자로 길이 측정 순서 매기기 및 비교하기

주제 A: 길이 측정의 간접 비교

1과 183

2과 189

3과 199

주제 B : 표준 길이 단위

4과 207

5과 215

6과 221

주제 C: 비표준 및 표준 길이 단위

7과 229

8과 235

9과 241

주제 D: 데이터 해석

10과 249

11과 255

12과 261

13과 267

1학년
모듈 2

읽기

존, 엠마, 앨리스는 각자 건포도를 10개씩 갖고 있습니다. 존은 건포도 3개를 먹었고, 엠마는 건포도 4개를 먹었고, 앨리스는 건포도 5개를 먹었습니다. 그들은 지금 몇 개씩 건포도를 갖고 있나요? 각각의 숫자 합과 수식을 쓰세요.

그리기

�기

_____

_____

_____

1과: 3개의 숫자로 서술 문제를 풀어보세요. 이들 3개의 숫자 중 2개의 합이 10이 됩니다.

| 단위 이야기 | 1과 문제 세트 | 1•2 |

이름 _____   날짜 _____

수학 이야기를 읽어보세요. 표시를 사용해 간단한 수학 그림을 그려보세요. 10개를  그리고 문제를 해결하세요.

1. 빌은 가게에 갔습니다. 그는 사과 1개, 바나나 9개, 배 6개를 샀습니다. 빌은 과일을 모두 몇 개나 샀나요?

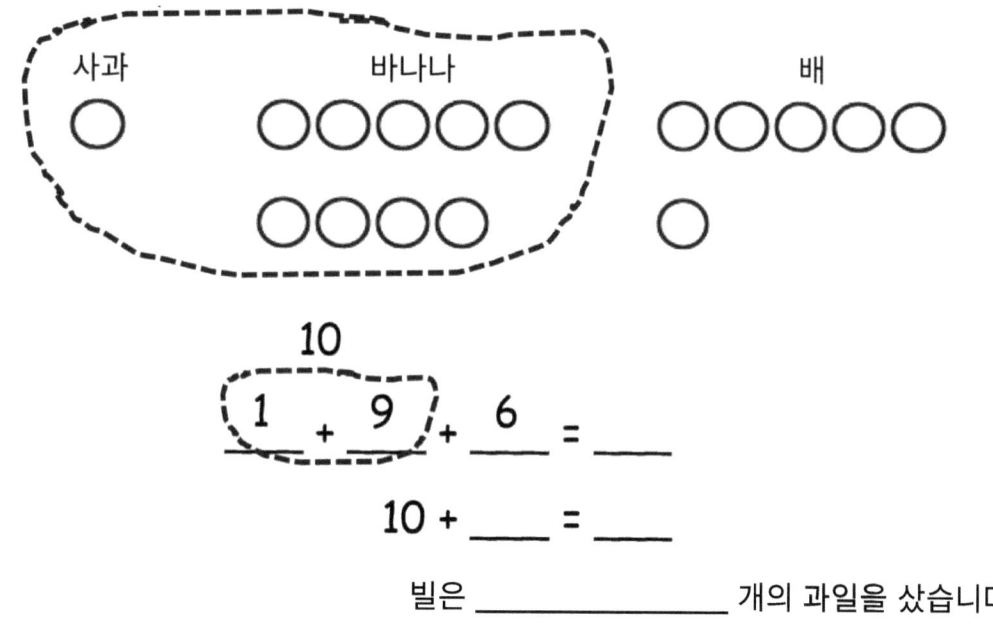

   ___ + ___ + 6 = ___ (with 1+9 grouped as 10)

   10 + ___ = ___

   빌은 _____ 개의 과일을 샀습니다.

2. 마리아는 생일 선물로 새 장난감을 받았습니다. 그녀는 인형 4개, 공 7개, 게임 3개를 받았습니다. 마리아는 몇 개의 장난감을 받았을까요?

   ___ + ___ + ___ = ___

   10 + ___ = ___

   마리아는 ____ 개의 장난감을 받았습니다.

1과 : 3개의 숫자로 서술 문제를 풀어보세요. 이들 3개의 숫자 중 2개의 합이 10이 됩니다.

3. 매디는 연못으로 가서 벌레 8마리, 개구리 3마리, 올챙이 2마리를 잡았습니다. 그녀는 동물을 모두 몇 마리 잡았나요?

___ + ___ + ___ = ___

10 + ___ = ___

매디는 ____ 마리의 동물을 잡았습니다.

---

4. 몰리는 빨간 풍선 4개를 가지고 먼저 파티에 도착했습니다. 케니는 다음으로 녹색 풍선 2개를 가지고 왔습니다. 다라는 파란 풍선 6개를 가지고 마지막에 왔습니다. 이 친구들은 모두 몇 개의 풍선을 가져왔나요?

___ + ___ + ___ = ___

10 + ___ = ___

모두 ____ 개의 풍선이 있습니다.

1과 : 3개의 숫자로 서술 문제를 풀어보세요. 이들 3개의 숫자 중 2개의 합이 10이 됩니다.

이름 _____ 날짜 _____

수학 이야기를 읽어보세요. 표시를 사용해 간단한 수학 그림을 그려보세요. 10개를 그리고 문제를 해결하세요.

토비는 아이스크림을 살 돈이 있습니다. 그는 동전 2개가 있습니다. 그리고 재킷에서 동전 4개를 찾고 탁자에서 8개를 더 찾았습니다. 토비는 몇 개의 동전을 갖고 있나요?

___ + ___ + ___ = ___

10 + ___ = ___

토비는 _____ 개의 동전을 갖고 있습니다.

읽기

리사는 책을 읽고 있었습니다. 그녀는 첫날 밤 6쪽, 다음날 5쪽, 그 다음날 4쪽을 읽었습니다. 리사는 몇 쪽을 읽었나요?

자신의 생각을 나타내는 그림을 그려보세요. 어떻게 풀었는지 설명하는 문장을 적어보세요.

더 나아가기: 다섯 번째 밤까지 총 20쪽을 읽었다면, 네 번째 밤과 다섯 번째 밤에 몇 페이지를 읽었어야 할까요?

그리기

�기

이름 _____ 날짜 _____

10을 만드는 숫자들에  그림을 그려보세요. 수식을 완성하세요.

1. ⑦ + ③ + 4 = ☐

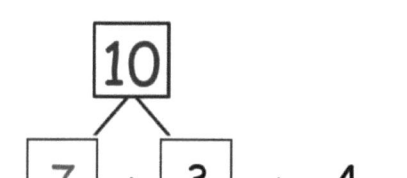

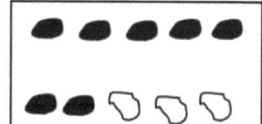

[10] + ____ = ____

---

2. 9 + 1 + 4 = ☐

[10]

____ + ____ + ____

[10] + ____ = ____

---

3. 5 + 6 + 5 = ☐

[10]

____ + ____ + ____

[10] + ____ = ____

4. 4 + 3 + 7 = ☐

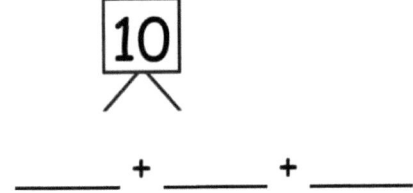

___ + ___ + ___

10 + ___ = ___

5. 2 + 7 + 8 = ☐

___ + ___ + ___

10 + ___ = ___

10을 만드는 숫자들에.  숫자들을 숫자 합으로 묶어서 풀어보세요.

6.

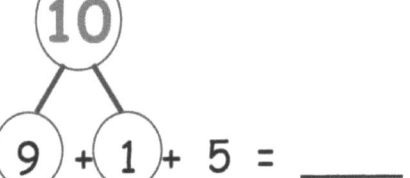 + 5 = ___

7.

8 + 2 + 4 = ___

8.

3 + 5 + 5 = ___

9.

3 + 6 + 7 = ___

이름 _____ 날짜 _____

10을 만드는 숫자들에 동그라미 하세요.

그림을 그리고 수식을 완성해 문제를 풀어보세요.

a. 8 + 2 + 3 = ____

____ + ____ = ____

10 + ____ = ____

b. 7 + 4 + 3 = ____

____ + ____ = ____

10 + ____ = ____

읽기

톰의 어머니가 톰에게 동전 4개를 주셨습니다. 아버지는 톰에게 동전 9개를 주셨습니다. 여동생이 동전을 더 줘서 이제 총 14개가 되었습니다. 톰의 여동생은 톰에게 동전 몇 개를 주었을까요? 그림, 수식, 설명을 써보세요.

더 나아가기: 동전이 19개가 되려면 동전이 몇 개 더 있어야 할까요?

그리기

�기

_____

_____

_____

3과: 숫자 중 하나가 9일 때 10을 만들어 보세요.

이름 _____   날짜 _____

문제를 풀기 위해  어떻게 10을 만들었는지 그림을 그려보세요.

1. 마리아는 눈덩이 9개가 있고 토니는 눈덩이 6개가 있습니다. 그들은 눈덩이가 모두 몇 개 있나요?

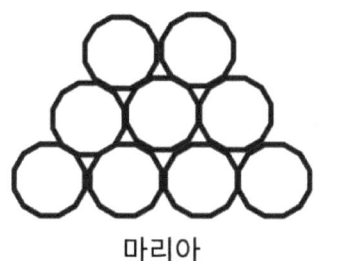   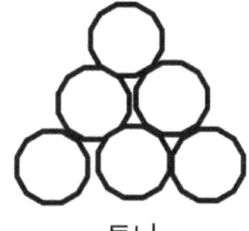

  마리아   토니

9와 _____ 을 더하면 _____ 가 됩니다.

10과 _____ 을 더하면 _____ 가 됩니다.

마리아와 토니는 모두 눈덩이 _____ 개를 갖고 있습니다.

2. 밥은 건포도 9개, 조니는 4개를 갖고 있습니다. 그들은 건포도를 모두 몇 개 갖고 있나요?

9 + ___ = ___

10 + ___ = ___

밥과 조니는 모두 _____ 개의 건포도를 갖고 있습니다.

3. 교실 왼쪽에는 의자 3개가 있고 오른쪽에는 의자 9개가 있습니다. 교실에는 모두 몇 개의 의자가 있나요?

9 + ___ = ___

10 + ___ = ___

교실에는 모두 _____ 개의 의자가 있습니다.

4. 아이들 7명은 카펫에 앉아 있고, 아이들 9명은 서 있습니다. 아이들은 모두 몇 명인가요?

9 + =

10 + =

모두 _____ 명의 아이들이 있습니다.

이름 _____   날짜 _____

그림을 그리고 (동그라미 하세요) 10을 만드는 방법을 보여주세요. 수식을 완성하세요.

태미는 책 4권을 갖고 있고, 존은 책 9권을 갖고 있습니다. 태미와 존은 책을 모두 몇 권 갖고 있나요?

_____ + _____ = _____

_____ + _____ = _____   태미와 존은 _____ 권의 책을 갖고 있습니다.

3과: 숫자 중 하나가 9일 때 10을 만들어 보세요.

읽기

마이클은 아침에 꽃 9송이를 심었습니다. 그런 다음 오후에 꽃 4송이를 심었습니다. 그는 하루 동안 꽃 몇 송이를 심었나요? 그림을 그리고 숫자 합과 설명을 완성하세요.

그리기

4과: 숫자 중 하나가 9일 때 10을 만들어 보세요.

�기

_____

_____

_____

4과 : 숫자 중 하나가 9일 때 10을 만들어 보세요.

이름 _____   날짜 _____

그림을 바꿔서 10을 만들어보세요. 더 쉬운 수식을 작성하고 문제를 풀어보세요.

1. 톰은 빨간색 연필 9자루와 노란색 연필 5자루를 가지고 있습니다. 톰은 모두 몇 자루의 연필을 갖고 있나요?

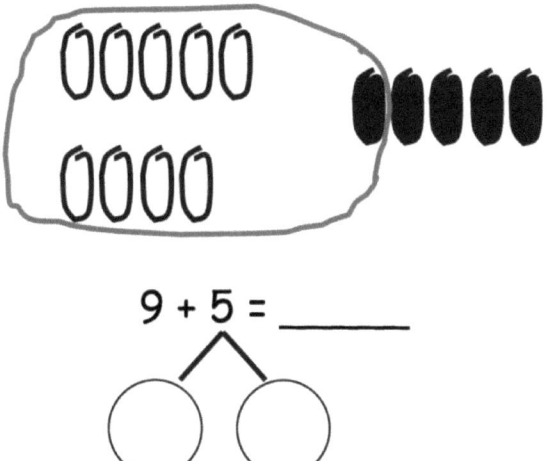

9 + 5 = _____

연필 10자루 + _____ 자루 = _____ 자루

10을  그리고 문제를 해결하세요.

2. 9 + 3

10 + =

3. 4 + 9

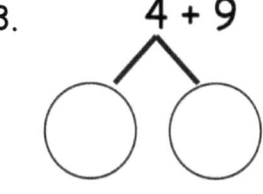

10 + =

4과: 숫자 중 하나가 9일 때 10을 만들어 보세요.

| 단위 이야기 | 4과 문제 세트 | 1•2 |

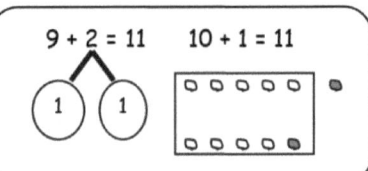

문제를 풀어보세요. 10을 만드는 표를 사용해 수학 그림을 그리고 어떻게 10을 만들었는지 보여주세요.

4. 9 + 5 = ___   ___ + ___ = ___

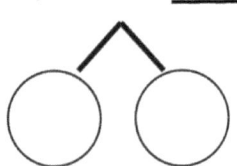

5. 6 + 9 = ___   ___ + ___ = ___

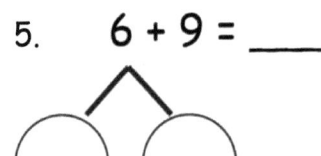

6. 8 + 9 = ___   ___ + ___ = ___

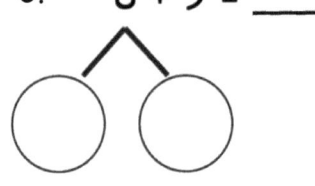

문제를 풀어보세요. 숫자 합을 사용해 어떻게 10을 만들었는지 보여주세요.

7. 5 + 9 = ____

8. _____ = 9 + 7

24　　4과:　숫자 중 하나가 9일 때 10을 만들어 보세요.

이름 _____   날짜 _____

문제를 풀어보세요.

10을 만드는 표를 사용해 수학 그림을 그리고 어떻게 10을 만들었는지 보여주세요.

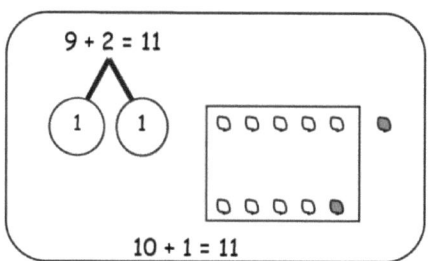

1. 6 + 9 = ___

2. ___ = 4 + 9

10 + ___ = ___

___ + ___ = ___

4과: 숫자 중 하나가 9일 때 10을 만들어 보세요.

읽기

나무에 빨강새 9마리와 파랑새 6마리가 있습니다. 나무에는 새 몇 마리가 있을까요? 10을 만드는 표 그림과 수식을 사용하세요. 이야기에 알맞게 숫자 합을 쓰고 10 +로 쓸 수 있는 숫자 합을 쓰세요. 답을 문장으로 표현하세요.

그리기

쓰기

5과: 숫자 중 하나가 9일 때 숫자를 이어 세는 것과 10을 만드는 것 중 어떤 것이 더 효율적인지 비교해 보세요.

| 단위 이야기 | 5과 응용 문제 | 1·2 |

_____

_____

_____

5과: 숫자 중 하나가 9일 때 숫자를 이어 세는 것과 10을 만드는 것 중 어떤 것이 더 효율적인지 비교해 보세요.

이름 _____   날짜 _____

문제를 풀려면 10을 만들어야 합니다. 숫자 합을 사용해 1을 어떻게 뺐는지 보여줍니다.

1. 수는 테니스공 9개와 축구공 3개를 갖고 있습니다. 그녀는 공 몇 개를 가지고 있나요?

9 + 3 = ____   10 + ___ = ___

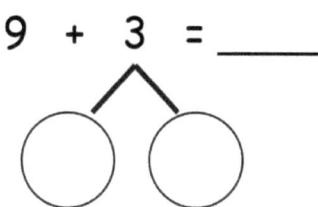

수는 _____ 개의 공을 가지고 있습니다.

2.   9 + 4 = ____   10 + ___ = ___

숫자 합을 사용해 어떻게 생각하는지 보여주세요. 10 + 로 식을 쓰세요.

3. 9 + 2 = ____   ____ + ____ = ____

4. 9 + 5 = ____   ____ + ____ = ____

5. 9 + 4 = ____   ____ + ____ = ____

6. 9 + 7 = _____   _____ + _____ = _____

7. 9 + _____ = _____   10 + 7 = _____

덧셈 수식을 완성하세요.

8. a. 10 + 1 = _____ 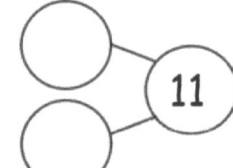   b. 9 + 2 = _____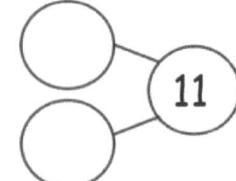

9. a. 10 + 8 = _____ 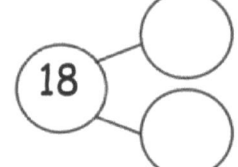   b. 9 + 9 = _____

10. a. 10 + 7 = _____ 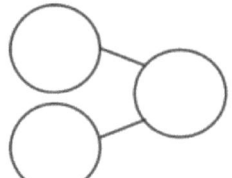   b. 9 + 8 = _____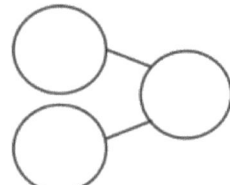

11. a. 5 + 10 = _____ 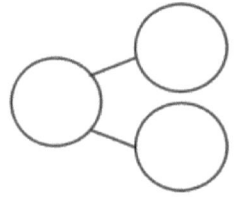   b. 6 + 9 = _____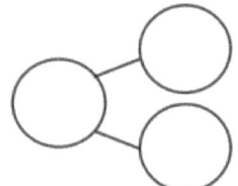

12. a. 6 + 10 = _____ 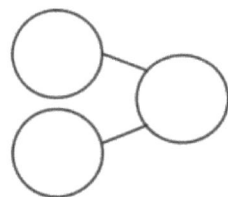   b. 7 + 9 = _____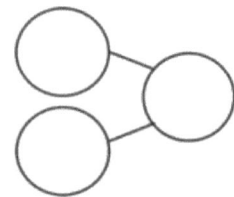

이름 _____ 날짜 _____

수식을 완성하세요.
효율적인 방법을 사용해 수식을 풀어보세요.

 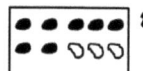 

1. 9 + 2 = ____

2. 7 + 9 = ____

3. ____ = 9 + 5

5과: 숫자 중 하나가 9일 때 숫자를 이어 세는 것과 10을 만드는 것 중 어떤 것이 더 효율적인지 비교해 보세요.

읽기

그네에 아이들 6명이 있고, 아이들 9명은 술래잡기를 하고 있습니다. 놀이터에서 몇 명의 아이들이 놀고 있나요? 문제를 풀려면 10을 만들어 보세요. 그림을 그리고, 숫자 합, 수식, 설명을 써보세요.

그리기

6과 : 교환법칙을 사용해 10을 만드세요.

쓰기

이름 _____   날짜 _____

문제를 풀어보세요. 첫 번째 문제는 이미 풀어져 있습니다.

연관된 10 + 수식을 만들기 위해 숫자 합을 써보세요.

1.

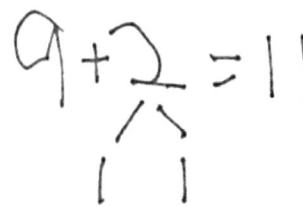 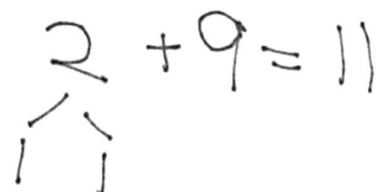

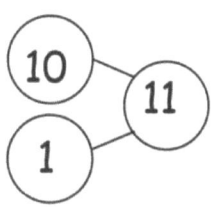

2. 9 + 6 = _____   6 + 9 = _____

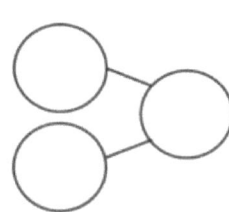

3. 7 + 9 = _____   9 + 7 = _____

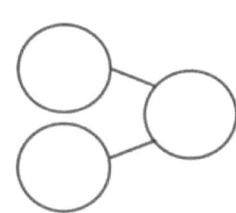

숫자 합을 사용해 어떻게 생각하는지 보여주세요. 연관된 10 + 식으로 써보세요.

4. 9 + 4 = _____   _____ + _____ = _____

5. 3 + 9 = _____   _____ + _____ = _____

6. 9 + 5 = _____   _____ + _____ = _____

7. 같은 것끼리 선으로 연결하세요.

a. 9 + 3   10 + 4
b. 5 + 9   10 + 0
c. 9 + 6   10 + 2
d. 8 + 9   10 + 5
e. 9 + 7   10 + 7
f. 9 + 1   10 + 6

8. 참이 되도록 덧셈식을 완성하세요.

a. 2 + 10 = _____   b. 7 + 9 = _____   c. _____ + 10 = 14

d. 3 + 9 = _____   e. 3 + 10 = _____   f. _____ + 9 = 14

g. 10 + 9 = _____   h. 8 + 9 = _____   i. _____ + 7 = 17

j. 5 + 9 = _____   k. _____ + 10 = 18   l. _____ + 9 = 17

m. 6 + 10 = _____   n. _____ + 9 = 16

6과 마무리 평가

이름 _____   날짜 _____

1. 문제를 풀어보세요. 숫자 합을 사용해 어떻게 생각하는지 보여주세요. 연관된 10 + 수식을 만들기 위해 숫자 합을 써보세요.

   9 + 5 = _____   5 + 9 = _____
     ∧

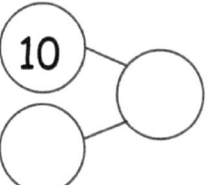

2. 문제를 풀어보세요. 같은 것끼리 선으로 연결하고 연관된 10 + 수식을 쓰세요.

   a. 9 + 7 = _____   _____ = 9 + 8

   b. _____ = 6 + 9   7 + 9 = _____   10 + 6 = 16

   c. 8 + 9 = _____   9 + 6 = _____

6과: 교환법칙을 사용해 10을 만드세요.

7과 응용 문제

읽기

스테이시는 그림 6장을 그렸습니다. 매튜는 그림 2장을 그렸습니다. 팀은 그림 4장을 그렸습니다. 그들은 함께 그림 몇 장을 그렸나요? 이야기와 일치하도록 그림, 수식, 설명을 사용하세요.

그리기

7과: 숫자 중 하나가 8일 때 10을 만들어 보세요.

�기

_____

_____

_____

7과: 숫자 중 하나가 8일 때 10을 만들어 보세요.

이름 _____   날짜 _____

문제를 풀기 위해 어떻게 10을 만드는지 보여주게 위해 동그라미 하세요.

1. 존은 테니스공 8개를 갖고 있습니다. 토니는 5개를 갖고 있습니다. 테니스 공은 모두 몇 개입니까?

존

토니

8과 _____ 의 합은 _____ 입니다.

10과 _____ 의 합은 _____ 입니다.

존과 토니는 _____ 개의 테니스 공을 갖고 있습니다.

2. 밥은 건포도 8개, 제니는 4개를 갖고 있습니다. 그들은 건포도를 모두 몇 개 갖고 있나요?

8과 _____ 의 합은 _____ 입니다.

10과 _____ 의 합은 _____ 입니다.

밥과 제니는 모두 _____ 개의 건포도를 갖고 있습니다.

7과: 숫자 중 하나가 8일 때 10을 만들어 보세요.

3. 교실 오른쪽에는 3개의 의자가 있고 왼쪽에는 8개의 의자가 있습니다. 교실에는 전부 몇 개의 의자가 있나요?

8과 _____ 의 합은 _____ 입니다.

10과 _____ 의 합은 _____ 입니다.

교실에는 모두 _____ 개의 의자가 있습니다.

4. 아이들 7명은 카페트에 앉아 있고, 아이들 8명은 서 있습니다. 아이들은 모두 몇 명인가요?

8과 _____ 의 합은 _____ 입니다.

10과 _____ 의 합은 _____ 입니다.

아이들은 모두 _____ 명입니다.

이름 _____   날짜 _____

그림을 그리고, 표시를 하고, 문제를 풀기 위해 어떻게 10을 만드는지 보여주기 위해 .
문제를 풀기위해 사용한 수식을 쓰세요.

닉이 고추를 땄습니다. 그는 초록 고추 5개와 빨간 고추 8개를 땄습니다.
그는 모두 몇 개의 고추를 땄나요?

8과 _____ 의 합은 _____ 입니다.

10과 _____ 의 합은 _____ 입니다.

닉은 _____ 개의 고추를 땄습니다.

읽기

나무에서 첫 날에는 나뭇잎 8개가 떨어지고, 다음 날은 나뭇잎 4개가 떨어졌습니다. 이틀이 지난 후 나무에서 나뭇잎 몇 개가 떨어졌나요? 이야기와 일치하도록 그림, 수식, 설명을 사용하세요.

더 나아가기: 셋째 날, 나무에서 나뭇잎 6개가 떨어졌습니다. 사흘이 지난 후 나무에서 나뭇잎이 모두 몇 개가 떨어졌나요?

그리기

�기

_____

_____

_____

8과 : 숫자 중 하나가 8일 때 10을 만들어 보세요.

이름 _____ 날짜 _____

10을 만들기 위해 동그라미 하세요. 10 + 수식을 쓰고 문제를 풀어보세요.

1 톰은 금붕어 8마리와 앤젤피쉬 5마리를 갖고 있습니다. 톰은 물고기 몇 마리를 갖고 있나요?

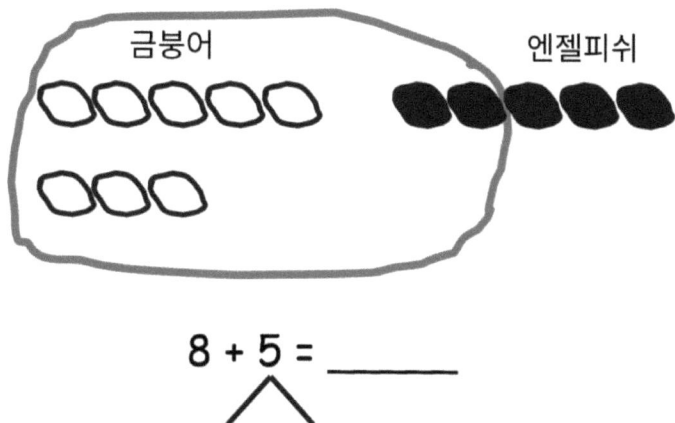

8 + 5 = _____

물고기 10마리 + _____ 마리 = _____ 마리

동그라미를 사용하여 10을 만들고 문제를 푸세요.

2. 8 + 3 = ____

10 + ____ = ____

3. 4 + 8 = ____

10 + ____ = ____

8과: 숫자 중 하나가 8일 때 10을 만들어 보세요.

문제를 풀어보세요. 10을 만드는 표를 사용해 수학 그림을 그리고 어떻게 10을 만들어 풀었는지 보여주세요.

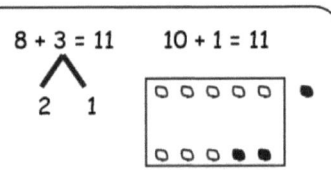

4. 8 + 4 = ___   ___ + ___ = ___

5. 6 + 8 = ___   ___ + ___ = ___

6. 8 + 5 = ___   ___ + ___ = ___

문제를 풀어보세요. 숫자 합을 사용해 어떻게 10을 만들었는지 보여주세요.

7. 5 + 8 = ___

8. ___ = 8 + 7

이름 _____   날짜 _____

10을 만드는 표를 사용해 수학 그림을 그리세요. 10 + 수식으로 식을 다시 써보세요.

1. 6 + 8 = ____

10 + ____ = ____

2. ____ = 4 + 8

____ + ____ = ____

8과 : 숫자 중 하나가 8일 때 10을 만들어 보세요.

읽기

다람쥐는 아침에 도토리 8개, 오후에 5개, 저녁에 2개를 찾았습니다. 다람쥐는 도토리를 모두 몇 개 찾았나요?

더 나아가기: 다음 날 다람쥐는 아침에 도토리 3개, 오후에 1개, 저녁에 1개를 더 발견했습니다. 다람쥐는 이틀 동안 도토리를 몇 개나 모았나요?

그리기

9과: 숫자 중 하나가 8일 때 숫자를 이어 세는 것과 10을 만드는 것 중 어떤 것이 더 효율적인지 비교해 보세요.

쓰기

_____

_____

_____

9과: 숫자 중 하나가 8일 때 숫자를 이어 세는 것과 10을 만드는 것 중 어떤 것이 더 효율적인지 비교해 보세요.

| 단위 이야기 | 9과 문제 세트 | 1•2 |

이름 _____ 날짜 _____

문제를 풀려면 10을 만들어야 합니다. 숫자 합을 사용해 어떻게 10을 만들었는지 보여주세요.

1. 벤은 청포도 8알과 보라색 포도 3알을 갖고 있습니다. 그는 포도알을 몇 개 갖고 있나요?

   8 + 3 = _____   10 + _____ = _____

   벤은 포도알 _____개를 가지고 있습니다.

2. 8 + 4 = _____   10 + _____ = _____

숫자 합을 사용해 어떻게 생각하는지 보여주세요. 10 + 수식을 쓰세요.

3. 8 + 5 = _____   _____ + _____ = _____

4. 8 + 7 = _____   _____ + _____ = _____

5. 4 + 8 = _____   _____ + _____ = _____

6. 7 + 8 = _____   _____ + _____ = _____

7. 8 + _____ = 17   _____ + _____ = _____

9과: 숫자 중 하나가 8일 때 숫자를 이어 세는 것과 10을 만드는 것 중 어떤 것이 더 효율적인지 비교해 보세요.

덧셈 수식과 숫자 합을 완성하세요.

8. a. 10 + 1 = ___ 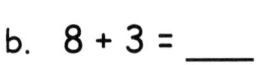   b. 8 + 3 = ___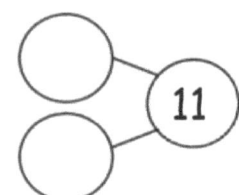

9. a. 10 + 5 = ___   b. 8 + 7 = ___

10. a. 10 + 6 = ___   b. 8 + 8 = ___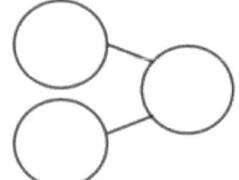

11. a. 2 + 10 = ___   b. 4 + 8 = ___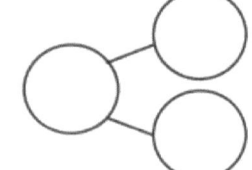

12. a. 4 + 10 = ___   b. 6 + 8 = ___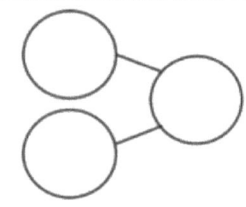

이름 _____   날짜 _____

1. 세일라는 우표 3장을 갖고 있습니다. 그녀의 아버지가 우표 8장을 더 주셨습니다. 그녀는 지금 우표 몇 장을 갖고 있나요? 어떻게 10을 만들었는지 보여주고, 10 + 수식을 쓰세요.

   3 + 8 = _____   10 + _____ = _____

2. 덧셈 수식과 숫자 합을 완성하세요.

   a. 8 + 6 = _____   b. 10 + _____ = 14

9과: 숫자 중 하나가 8일 때 숫자를 이어 세는 것과 10을 만드는 것 중 어떤 것이 더 효율적인지 비교해 보세요.

읽기

장화가 교실 문 옆에 **4**짝, 복도에 **8**짝, 선생님 책상에 **6**짝이 있습니다. 장화가 모두 몇 짝 있나요?

더 나아가기: 모두 몇 켤레의 부츠가 있습니까?

그리기

�기

_____

_____

_____

이름 _____ 날짜 _____

문제를 풀어보세요. 필요한 경우 숫자 합이나 5묶음 그림을 사용하세요. 같은 10 + 수식을 쓰세요.

1. 4 + 9 = ___

2. 6 + 8 = ___

3. 7 + 4 = ___

10 + ___ = ___

10 + ___ = ___

10 + ___ = ___

4. 같은 것끼리 선으로 연결하세요.

a. 9 + 3   10 + 1

b. 5 + 8   10 + 4

c. 9 + 6   10 + 2

d. 8 + 9   10 + 5

e. 4 + 7   10 + 7

f. 6 + 8   10 + 3

10과: 가수가 7, 8, 9인 문제를 푸세요.

참이 되도록 덧셈식을 완성하세요.

a. b. c.

5. 9 + 2 = ___   8 + 4 = ___   7 + 5 = ___

6. 9 + 5 = ___   8 + 3 = ___   7 + 6 = ___

7. 6 + 9 = ___   6 + 8 = ___   4 + 7 = ___

8. 7 + 9 = ___   5 + 8 = ___   7 + 7 = ___

9. 9 + ___ = 17   8 + ___ = 16   7 + ___ = 16

10. ___ + 9 = 15   ___ + 8 = 15   ___ + 7 = 17

| 단위 이야기 | 10과 마무리 평가 | 1•2 |

이름 _____   날짜 _____

문제를 풀어보세요. 필요한 경우 숫자 합이나 5묶음 그림을 사용하세요. 같은 10 + 수식을 쓰세요.

a.
9 + 5 = ___

10 + ___ = ___

b.
8 + 4 = ___

10 + ___ = ___

c.
7 + 6 = ___

10 + ___ = ___

10과 : 가수가 7, 8, 9인 문제를 푸세요.

읽기

니콜라스는 초록 사과 9개와 빨간 사과 7개를 샀습니다. 소피아는 빨간 사과 10개와 초록 사과 6개를 샀습니다. 소피아는 니콜라스보다 사과가 더 많다고 생각합니다. 그녀가 생각하는 것이 맞나요? 결과를 보여주기 위해 배운 방법을 선택하세요. 그런 다음, 니콜라스와 소피아가 각각 얼마나 많은 사과를 갖고 있는지 보여주는 수식을 쓰세요.

그리기

단원 이야기 | 11과 응용 문제 1·2

쓰기

___

___

___

11과: 미지수인 총합을 풀기 위해 더하는 서술 문제를 친구와 문제 푸는 방법을 공유하고 평가해 보세요.

이름 _____ 날짜 _____

제레미는 주머니에 큰 돌 7개와 조약돌 8개가 있습니다.

제레미는 몇 개의 돌을 갖고 있나요?

1. 이야기와 정확하게 일치하는 모든 학생의 답에 동그라미를 하세요.

a.
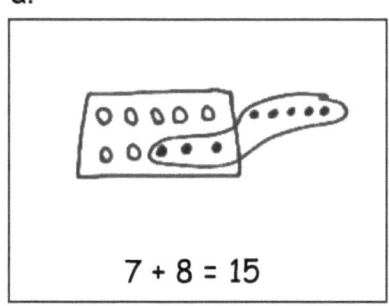
7 + 8 = 15

b.
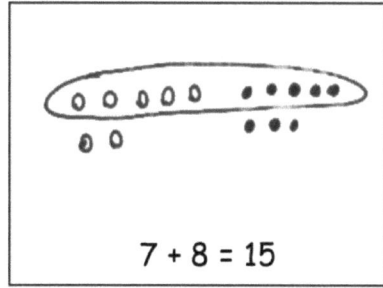
7 + 8 = 15

c.
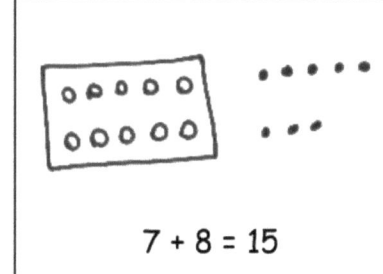
7 + 8 = 15

d.
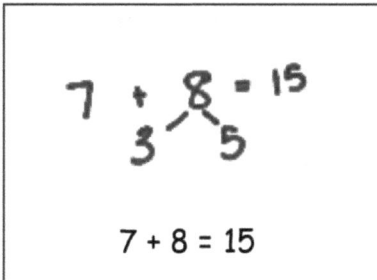
7 + 8 = 15

e.
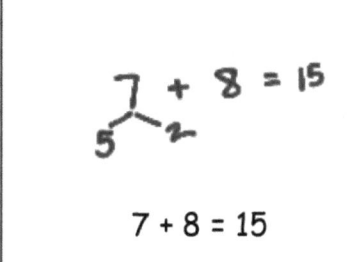
7 + 8 = 15

f.
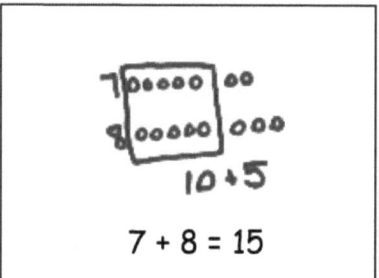
7 + 8 = 15

2. 아래 공간에 일치하는 수식과 함께 새 그림을 그려서 잘못된 답을 수정하세요.

문제를 혼자서 풀어보세요. 그림이나 글로 생각을 보여주세요. 설명을 써서 질문에 답하세요.

3. 파티에 바닐라 컵케이크 4개와 초콜릿 컵케이크 8개가 있습니다. 파티에 몇 개의 컵케이크가 있나요?

---

4. 놀이터에는 여자아이들 5명과 남자아이들 7명이 있습니다. 놀이터에 몇 명의 아이들이 있나요?

다 풀었으면 짝꿍과 답을 맞춰보세요. 짝꿍은 각각의 문제를 어떻게 풀었나요? 짝꿍이 어떻게 문제를 풀었는지 발표할 준비를 하세요.

단원 이야기 | 11과 마무리 평가 | 1•2

이름 _____ 날짜 _____

존은 아래 문제를 5묶음 그림을 사용하여 풀어야 한다고 생각하고, 수는 수식을 사용해 풀어야 한다고 생각합니다. 두 가지 방법을 모두 사용해 풀어보고, 더 효율적이라고 생각하는 방법에 동그라미를 하세요.

킴은 축구 경기에서 5골, 소프트볼 경기에서 8점을 득점했습니다. 그녀는 모두 몇 점을 득점했나요?

존의 풀이

수의 풀이

11과: 미지수인 총합을 풀기 위해 더하는 서술 문제를 친구와 문제 푸는 방법을 공유하고 평가해 보세요.

읽기

클라우디아는 빨간 사과 8개와 녹색 사과 9개를 샀습니다. 클라우디아는 사과를 모두 몇 개 가지고 있을까요? 자신의 생각을 나타내는 수학 그림, 수식, 설명을 적어보세요.

더 나아가기: 클라우디아는 빨간 사과를 3개 먹었고, 친구는 녹색 사과를 4개 먹었습니다. 클라우디아는 지금 사과를 몇 개 가지고 있을까요?

그리기

12과: 10에서 9를 빼서 서술 문제를 풀어보세요.

�기

_____

_____

_____

12과: 10에서 9를 빼서 서술 문제를 풀어보세요.

단위 이야기 12과 문제 세트 1·2

이름 _____ 날짜 _____

간단한 수학 그림을 그려보세요. 10개 또는 다른 부분을 지워서
이야기에서 일어난 일을 보여주세요.

1. 빌은 포도가 16개 있습니다. 그 중 10개는 포도 나무에 있고, 6개는 땅바닥에 떨어져 있습니다. 빌은 포도 나무에서 9개를 따먹었습니다. 포도는 몇 개 남았을까요?

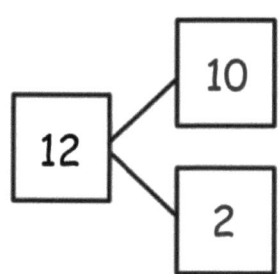

포도는 이제 _____ 개 있습니다.

2. 연못에 12마리의 개구리가 있습니다. 10마리는 수련 위에 있고, 2마리는 물속에 있습니다. 그 중 9마리가 수련에서 뛰어올라 연못 밖으로 나왔습니다. 연못에는 개구리가 몇 마리 있을까요?

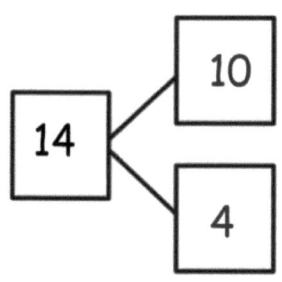

뜯지 않은 선물이 _____ 개 있습니다.

3. 킴은 14개의 스티커가 있습니다. 첫 페이지에는 10개가 있고, 두 번째 페이지에는 4개가 있습니다. 킴은 첫 페이지에서 스티커 9개를 잃어버렸습니다. 책에는 스티커가 몇 개나 남아있을까요?

킴은 책에 _____ 개의 스티커가 있습니다.

12과: 10에서 9를 빼서 서술 문제를 풀어보세요.

4. 상자에는 계란 10개, 그릇에는 계란 5개가 들어있습니다. 조의 아버지는 상자에서 계란 9개를 꺼내 요리하고 있습니다. 계란은 몇 개 남았을까요?

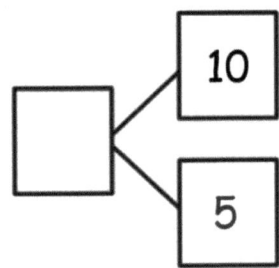

계란은 _____ 개 남았습니다.

---

5. 제나는 테이블에 10개, 바닥에 7개의 선물이 있습니다. 그녀는 테이블에서 9개의 선물을 뜯었습니다. 아직도 뜯지 않은 선물은 몇 개일까요?

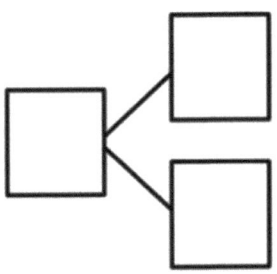

개의 선물이 _____ 여전히 포장되어 있습니다.

---

6. 쟁반에는 컵케이크가 10개 있고 테이블에는 8개가 있습니다. 쟁반에는 바닐라 컵케이크가 9개 있습니다. 나머지는 초콜릿 컵케이크입니다. 초콜릿 컵케이크는 몇 개일까요?

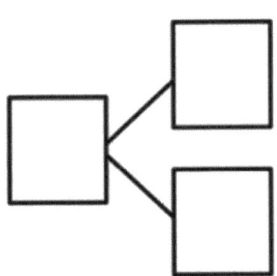

초콜릿 컵케이크는 _____ 개 있습니다.

이름 _____   날짜 _____

간단한 수학 그림을 그려보세요. 10개에서 줄을 그어 지워서 이야기에서 일어난 일을 보여주세요.

테이블에는 16권의 책이 있었습니다. 그 중 10권은 공룡에 관한 책입니다. 6권은 물고기에 관한 책입니다. 한 학생이 공룡 책 9권을 가져갔습니다. 테이블에는 몇 권의 책이 남았을까요?

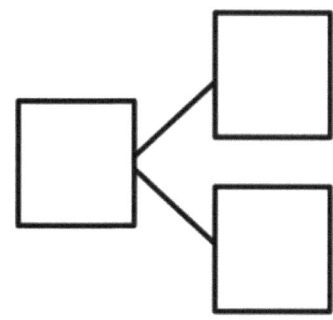

테이블에는 _____ 권의 책이 남았습니다.

단위 이야기

12과 실력 향상 템플릿 2

OOOOO　OOOOO

5묶음 가로줄 끼워 넣기

12과: 10에서 9를 빼서 서술 문제를 풀어보세요.

읽기

샘의 벙어리 장갑에 10개의 눈송이가 떨어졌고, 코트에는 6개가 떨어졌습니다.

샘의 벙어리 장갑에 떨어진 눈송이 중 9개가 녹았습니다. 눈송이는 몇 개 남았을까요?

남은 눈송이 수를 나타내는 뺄셈 수식을 작성하세요.

그리기

�기

_____

_____

_____

13과: 10에서 9를 빼서 서술 문제를 풀어보세요.

이름 _____   날짜 _____

문제를 풀어보세요. 5묶음 가로줄을 사용하고, 줄을 그어 지워서 계산 과정을 보여주세요.

1. 마이크는 접시에 쿠키 10개와 상자에 쿠키 3개를 가지고 있습니다. 그는 접시에서 9개의 쿠키를 먹었습니다. 쿠키는 몇 개 남았을까요?

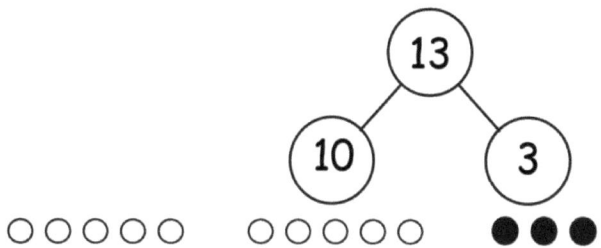

쿠키는 _____ 개 남았습니다.

2. 프랜은 상자에 크레용 10개와 책상에 크레용 5개를 가지고 있습니다. 프랜은 상자에서 크레용 9개를 꺼내 밥에게 빌려줬습니다. 프랜은 몇 개의 크레용을 사용할 수 있을까요?

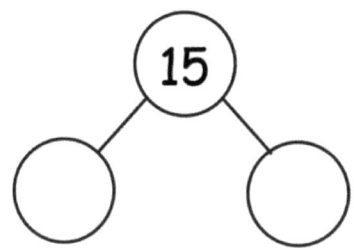

프랜은 _____ 개의 크레용을 사용할 수 있습니다.

3. 연못에는 오리 10마리, 땅에는 오리 7마리가 있습니다. 연못에 있는 9마리는 아기 오리고, 나머지는 모두 어른 오리입니다. 어른 오리는 몇 마리일까요?

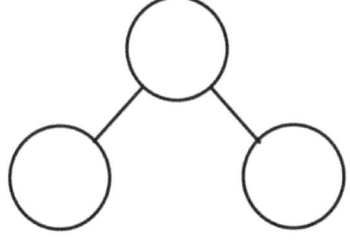

어른 오리는 _____ 마리입니다.

13과: 10에서 9를 빼서 서술 문제를 풀어보세요.

13과 문제 세트

짝꿍과 함께 이야기를 만들고, 수식을 풀어보세요. 숫자 합을 만들어서 전체 수를 10과 나머지 수로 보여주세요. 이야기에 맞게 5묶음 가로줄 그려보세요. 줄 위에 완성된 수식을 작성하세요.

4. 16 - 9 = ☐

5. 12 - 9 = ☐

6. 19 - 9 = ☐

13과: 10에서 9를 빼서 서술 문제를 풀어보세요.

이름 _____   날짜 _____

문제를 풀어보세요. 숫자 합을 채워보세요. 5묶음 가로줄 사용하고, 줄을 그어 지워서 계산 과정을 보여주세요.

가브리엘라는 머리에 4개의 헤어핀이 꽂혀 있고, 침실에 10개가 더 있습니다. 그녀는 침실에 있는 헤어핀 중 9개를 여동생에게 줬습니다. 가브리엘라는 이제 헤어핀이 몇 개 있을까요?

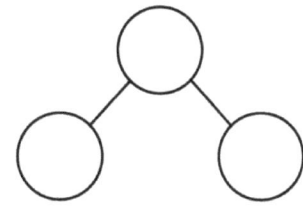

가브리엘라는 _____ 개의 헤어핀을 갖고 있습니다.

읽기

사라는 가방에 파란 구슬 6개와 주머니에 녹색 구슬 4개가 있습니다. 그녀는 파란 구슬 6개와 녹색 구슬 3개를 나눠줬습니다. 구슬은 몇 개 남았을까요?

그리기

14과: 10의 자리 숫자에서 9를 빼는 문제를 설계해보세요.

�기

_____

_____

_____

14과: 10의 자리 숫자에서 9를 빼는 문제를 설계해보세요.

| 단위 이야기 | 14과 문제 세트 | 1•2 |

이름 _____ 날짜 _____

1. 그림과 수식의 짝을 지어보세요.

a. 11 − 9 = 2

b. 14 − 9 = 5

c. 16 − 9 = 7

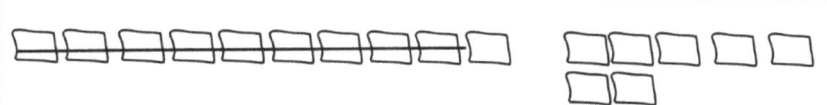

d. 18 − 9 = 9

e. 17 − 9 = 8

10을 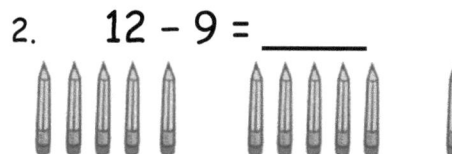 그런 다음 빼세요.

2. 12 − 9 = _____

3. 14 − 9 = _____

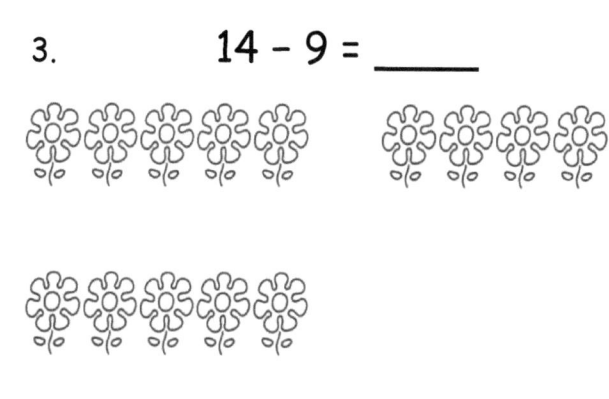

14과: 10의 자리 숫자에서 9를 빼는 문제를 설계해보세요.

4. 15 - 9 = _____

5. 13 - 9 = _____

6. 16 - 9 = _____

7. 17 - 9 = _____

그림을 그리고 10을 (동그라미 하세요). 그런 다음 빼세요.

8. 12 - 9 = _____

9. 13 - 9 = _____

10. 14 - 9 = _____

11. 15 - 9 = _____

이름 _____ 날짜 _____

그림을 그리고 10을 . 숫자 합을 만들어서 문제를 풀어보세요.

1. 17 - 9 = _____

2. 14 - 9 = _____

3. 15 - 9 = _____

4. 18 - 9 = _____

읽기

줄리안은 마커가 7개 있습니다. 어머니께서 줄리안에게 8개를 더 주셨습니다. 하지만 그는 마커를 9개 잃어버렸습니다. 이제 마커는 몇 개 남았을까요?

그리기

15과: 10의 자리 숫자에서 9를 빼는 문제를 설계해보세요.

단위 이야기

�기

_____

_____

_____

15과: 10의 자리 숫자에서 9를 빼는 문제를 설계해보세요.

이름 _____   날짜 _____

1. 그림과 수식의 짝을 지어보세요.

   a.   13 - 9 = 4

   b.   14 - 9 = 5

   c.   17 - 9 = 8

   d.   18 - 9 = 9

   e.   16 - 9 = 7

5묶음 가로줄을 그리세요. 그림을 그리고 줄을 그어서 문제를 풀어보세요. 수식을 완성하세요.

2.   11 - 9 = _____

3.   13 - 9 = _____

4.   16 - 9 = _____

5.   17 - 9 = _____

15과: 10의 자리 숫자에서 9를 빼는 문제를 설계해보세요.

6. 14 - 9 = ____

7. 13 - 9 = ____

8. 12 - 9 = ____

9. 15 - 9 = ____

10. 10을 만들고 10에서 수를 빼서 수식 2개를 완성하세요.

  a. 5 + 9 =

  b. 14 - 9 =

11. 문제 10에 대해 숫자 합을 만드세요. 이 숫자 합을 사용하는 수식을 2개 더 쓰세요.

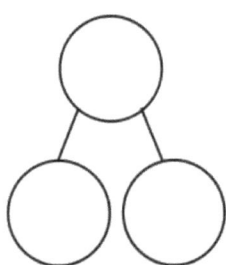

_____   _____

이름 _____   날짜 _____

5묶음 가로줄을 그리고 줄을 그어서 문제를 풀어보세요. 수식을 완성하세요.

1. 17 - 9 = _____

2. 19 - 9 = _____

읽기

선반에 코트가 16벌 있었습니다. 9명의 학생들이 코트를 갖고 밖에 나갔습니다. 선반에 남은 코트는 몇 벌일까요?

더 나아가기: 4명이 더 코트를 갖고 밖에 나갔다면, 아직도 선반에 걸려 있는 코트는 몇 벌일까요?

그리기

�기

_____

_____

_____

| 단위 이야기 | 16과 문제 세트 | 1•2 |

이름 _____ 날짜 _____

(a) 숫자 이어 세기 방법과 (b) 숫자 합을 이용한 10에서 가져오기 방법을 활용하여 문제를 풀어보세요.

1. 루시의 생일 파티에는 풍선이 12개 있었습니다. 그녀는 친구들에게 9개의 풍선을 주었습니다 풍선은 몇 개나 남았을까요?

    a.   12 - 9 = _____

    b.   12 - 9 = _____
         ∧

    풍선은 _____ 개 남았습니다.

---

2. 저스틴의 접시에는 블루베리가 15개 있었습니다. 저스틴은 그 중 9개를 먹었습니다. 블루베리는 몇 개 남았을까요?

    a.   15 - 9 = _____

    b.   15 - 9 = _____
         ∧

    블루베리는 _____ 개 남았습니다.

16과: 10 만들기와 10에서 가져오기에 이어 세기를 연관시키세요.

단위 이야기 | 16과 문제 세트 | 1•2

10에서 가져오기 방법과 숫자 이어 세기 방법을 사용하여 뺄셈식을 완성하세요. 문제 3과 4에 어떤 방법을 사용하고 싶은지 말해보세요.

3. a. 11 - 9 = _____   b. 11 - 9 = ____
                              ∧

☐ 10에서 가져오기
☐ 숫자 이어 세기

4. a. 18 - 9 = ___   b. 18 - 9 = ____
                            ∧

☐ 10에서 가져오기
☐ 숫자 이어 세기

5. 다음의 뺄셈 문제를 해결하는 방법에 대해 생각해보세요.

16 - 9	12 - 9	18 - 9
11 - 9	15 - 9	14 - 9
13 - 9	19 - 9	17 - 9

9부터 이어 세는 것이 더 쉬운 문제와, 10에서 가져오기 방법을 사용하는 것이 더 쉬운 문제를 각각 골라보세요. 아래 상자에 문제를 적으세요.

숫자 이어 세기 방법을 사용하는 문제:	**10에서 가져오기 방법을 사용하는 문제:**

둘 중 어느 방법을 사용해도 똑같이 쉬운 문제가 있나요? 또는 다른 방법을 사용한 문제가 있나요?

16과: 10 만들기와 10에서 가져오기에 이어 세기를 연관시키세요.

이름 _____ 날짜 _____

숫자 이어 세기 방법과 10에서 가져오기 방법을 모두 사용하여 뺄셈식을 완성하세요.

1. a. 13 - 9 = ____   b. 13 - 9 = ____
                              ∧

2. a. 17 - 9 = ____   b. 17 - 9 = ____
                              ∧

읽기

지젤라의 가방 안에는 마커가 13개 있습니다. 가방에서 8개의 마커가 떨어졌습니다. 지젤라는 이제 몇 개의 마커를 갖고 있나요?

그리기

단위 이야기

17과 응용 문제

�기

_____

_____

_____

17과: 10의 자리 숫자에서 8을 빼는 문제를 설계해보세요.

이름 _____   날짜 _____

1. 그림과 수식의 짝을 지어보세요.

a. 12 − 8 = 4
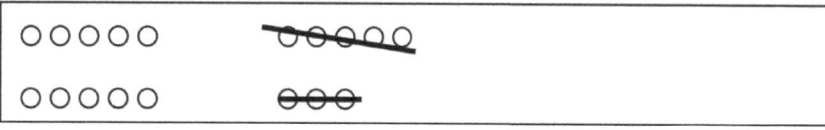

b. 17 − 8 = 9

c. 16 − 8 = 8
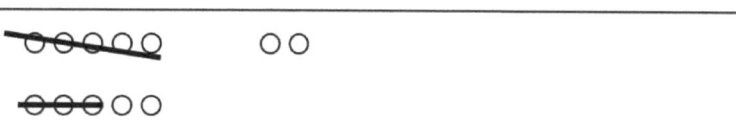

d. 18 − 8 = 10
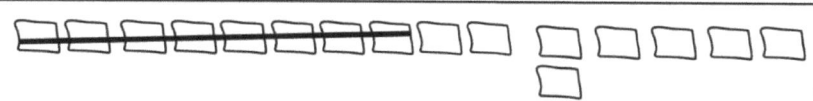

e. 14 − 8 = 6
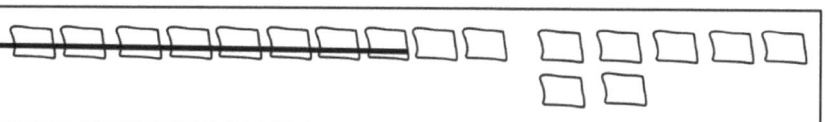

10을 동그라미 하고 뺄셈을 하세요.

2. 13 − 8 = ____

3. 11 − 8 = ____

 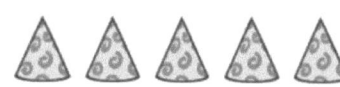

17과: 10의 자리 숫자에서 8을 빼는 문제를 설계해보세요.

4. 15 − 8 = _____

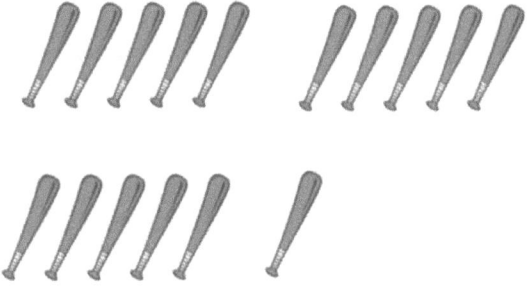

5. 19 − 8 = _____

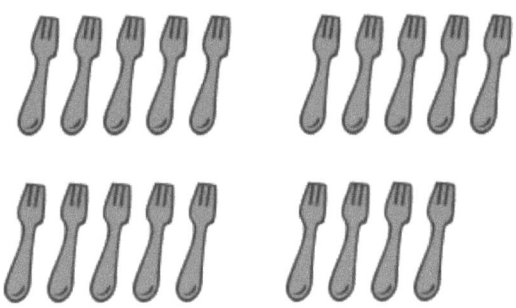

6. 16 − 8 = _____

7. 17 − 8 = _____

그림을 그리고 10을 동그라미 하거나, **10의 자리 수를** 숫자 합으로 분해하세요. 그런 다음 빼세요.

8. 12 − 8 = _____

9. 13 − 8 = _____

10. 14 − 8 = _____

11. 15 − 8 = _____

이름 _____ 날짜 _____

1. 그림을 그리고 10을 (동그라미 하세요). 그런 다음 빼세요.

   a. 12 - 8 = _____

   b. 14 - 8 = _____

2. 숫자 합을 사용하여 10의 자리 수를 수를 분해하세요. 그런 다음 빼세요.

   15 - 8 = _____

17과: 10의 자리 숫자에서 8을 빼는 문제를 설계해보세요.

읽기

줄리아나는 8대의 자동차를 경사로 아래로 굴리고 있습니다. 처음에 경사로 꼭대기에서 15대의 자동차로 시작했다면, 꼭대기에는 지금 자동차가 몇 대 남아있을까요?

그리기

18과: 10의 자리 숫자에서 8을 빼는 문제를 설계해보세요.

단위 이야기

�기

_____

_____

_____

18과: 10의 자리 숫자에서 8을 빼는 문제를 설계해보세요.

단위 이야기 | 18과 문제 세트 | 1•2

이름 _____ 날짜 _____

1. 그림과 수식의 짝을 지어보세요.

   a. 13 - 8 = 5
   b. 14 - 8 = 6
   c. 17 - 8 = 9
   d. 18 - 8 = 10
   e. 16 - 8 = 8

5묶음 가로줄과 낱개 몇 개로 이뤄진 수학 그림을 그려서 다음 문제를 풀어보세요. 8 또는 9를 뺀 후 숫자를 더하는 방법을 보여주는 덧셈식을 써보세요.

2. 11 - 8 = _____   _____

3. 12 - 8 = _____   _____

4. 15 - 8 = _____   _____

18과: 10의 자리 숫자에서 8을 빼는 문제를 설계해보세요.

5. 19 - 8 = _____ _____

6. 16 - 8 = _____ _____

7. 16 - 9 = _____ _____

8. 14 - 9 = _____ _____

9. 10 만들기와 10에서 가져오기 방법을 활용하여 2개의 수식을 풀어보세요.

   a. 6 + 8 = ____   b. 14 - 8 = ____

단원 이야기 | 18과 마무리 평가 | 1•2

이름 _____　　　날짜 _____

5묶음 가로줄을 그리고 줄을 그어서 문제를 풀어보세요. 수식을 완성하세요. 두 숫자를 더하는 데 도움이 된 2 + 덧셈식을 써보세요.

1. 14 − 8 = _____

   2 + _____ = _____

---

2. 17 − 8 = _____

   2 + _____ = _____

18과: 10의 자리 숫자에서 8을 빼는 문제를 설계해보세요.

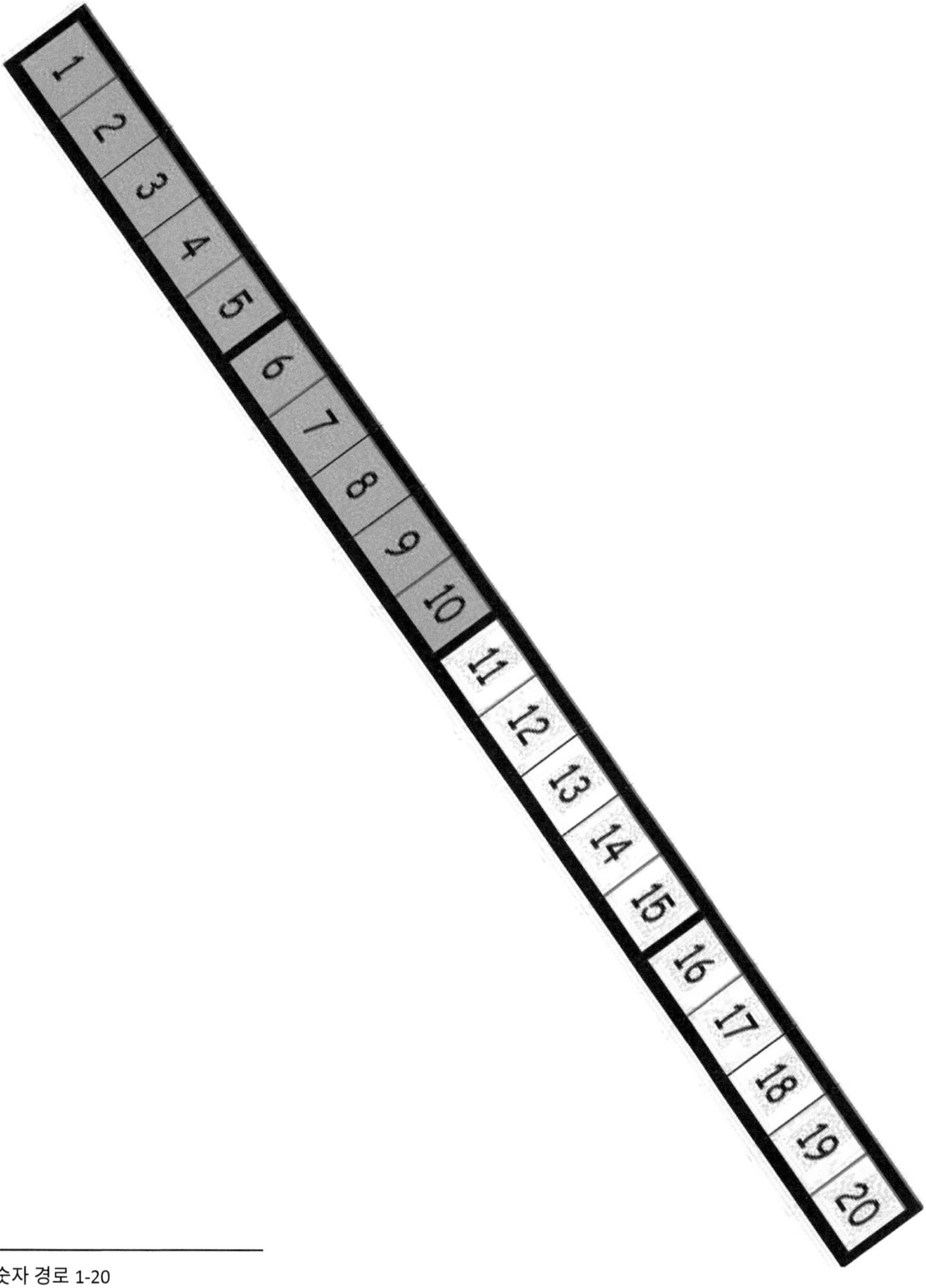

숫자 경로 1-20

18과: 10의 자리 숫자에서 8을 빼는 문제를 설계해보세요.

읽기

칼라, 호세, 야니스는 각각 8개의 체리가 있습니다.

그들은 모두 그릇에 더 많은 체리를 받았습니다.

이제 칼라는 12개, 호세는 14개, 야니스는 16개의 체리가 있습니다.

그들은 각자 그릇에 체리를 몇 개 더 넣었을까요?

각 답변에 대해 수식을 작성해보세요.

그리기

�기

_____

_____

_____

이름 _____   날짜 _____

숫자 합을 사용하여 10에서 가져오기 방법을 어떻게 활용했는지 보여주세요.

1. 케빈은 크레용이 14개 있었습니다. 이 중 크레용 8개가 부러졌습니다. 부러지지 않은 크레용은 몇 개일까요?

    14 - 8 = _____

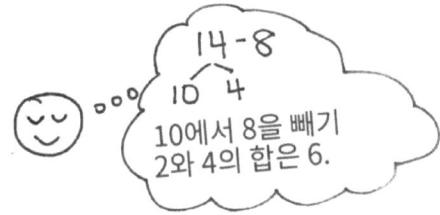

케빈은 부러지지 않은 크레용이 _____ 개 있습니다.

숫자 합을 사용하여 자신의 생각을 보여주세요.

2. 17 - 8 = _____

3. 18 - 8 = _____

숫자를 이어 세어 문제를 풀어보세요.

4. 13 - 8 = _____

5. 15 - 8 = _____

| 1 | 2 | 3 | 4 | 5 | 6 | 7 | 8 | 9 | 10 | 11 | 12 | 13 | 14 | 15 | 16 | 17 | 18 | 19 | 20 |

10에서 가져오기 방법과 숫자 이어 세기 방법을 사용하여 뺄셈식을 완성하세요. 가장 쉬워보이는 방법을 확인하세요.

6. a. 12 - 8 = ___   b. 8 + ___ = 12   ☐ 10에서 가져오기 ☐ 숫자 이어 세기

7. a. 11 - 8 = ___   b. 8 + ___ = 11   ☐ 10에서 가져오기 ☐ 숫자 이어 세기

8. a. 16 - 8 = ___   b. 8 + ___ = 16   ☐ 10에서 가져오기 ☐ 숫자 이어 세기

| 다른 방법을 사용했나요? |

9. a. 19 - 8 = ___   b. 8 + ___ = 19   ☐ 10에서 가져오기 ☐ 숫자 이어 세기

| 다른 방법을 사용했나요? |

19과: 숫자 이어 세기 방법과 10에서 가져오기 방법의 효율을 비교해보세요.

이름 _____ 날짜 _____

10에서 가져오기 방법과 숫자 이어 세기 방법을 사용하여 뺄셈식을 완성하세요.

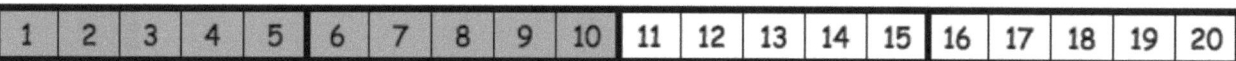

1. a. 11 - 8 = ___
      ∧

   b. 8 + ____ = 11

2. a. 15 - 8 = ___
      ∧

   b. 8 + ____ = 15

19과: 숫자 이어 세기 방법과 10에서 가져오기 방법의 효율을 비교해보세요.

읽기

임란의 필통에는 크레용이 8개, 책상에는 7개가 있습니다.

임란은 총 몇 개의 크레용이 있을까요?

그리기

�기

_____

_____

_____

20과: 10의 자리 숫자에서 7, 8, 9를 빼보세요.

이름 _____   날짜 _____

아래 문제를 풀어보세요. 그림이나 숫자 합을 사용하세요.

1.　　11 - 9 = _____　　　　　2.　　11 - 8 = _____

3.　　13 - 9 = _____　　　　　4.　　13 - 8 = _____

5.　　13 - 7 = _____　　　　　6.　　12 - 7 = _____

7. 같은 것끼리 연결하세요.

　　a.　16 - 7　　　　　13 - 9
　　b.　17 - 7　　　　　18 - 9
　　c.　12 - 8　　　　　15 - 9
　　d.　14 - 8　　　　　18 - 8

20과:　10의 자리 숫자에서 7, 8, 9를 빼보세요.

| 단위 이야기 | | 20과 문제 세트 | 1•2 |

참이 되도록 뺄셈식을 완성하세요.

a.	b.	c.
8. 12 − 9 = ____	13 − 9 = ____	14 − 9 = ____
9. 12 − 8 = ____	13 − 8 = ____	14 − 8 = ____
10. 11 − 7 = ____	12 − 7 = ____	13 − 7 = ____
11. 16 − 9 = ____	18 − 9 = ____	17 − 9 = ____
12. 16 − ____ = 9	15 − ____ = 9	15 − ____ = 7
13. 15 − ____ = 6	11 − ____ = 3	16 − ____ = 7

20과: 10의 자리 숫자에서 7, 8, 9를 빼보세요.

| 이름 _____ | 날짜 _____ |

아래 문제를 풀어보세요. 그림이나 숫자 합을 사용하세요.

a. 14 – 9 = _____   b. 14 – 7 = _____   c. 14 – 8 = _____

---

d. 16 – 7 = _____   e. 16 – 9 = _____   f. 16 – 8 = _____

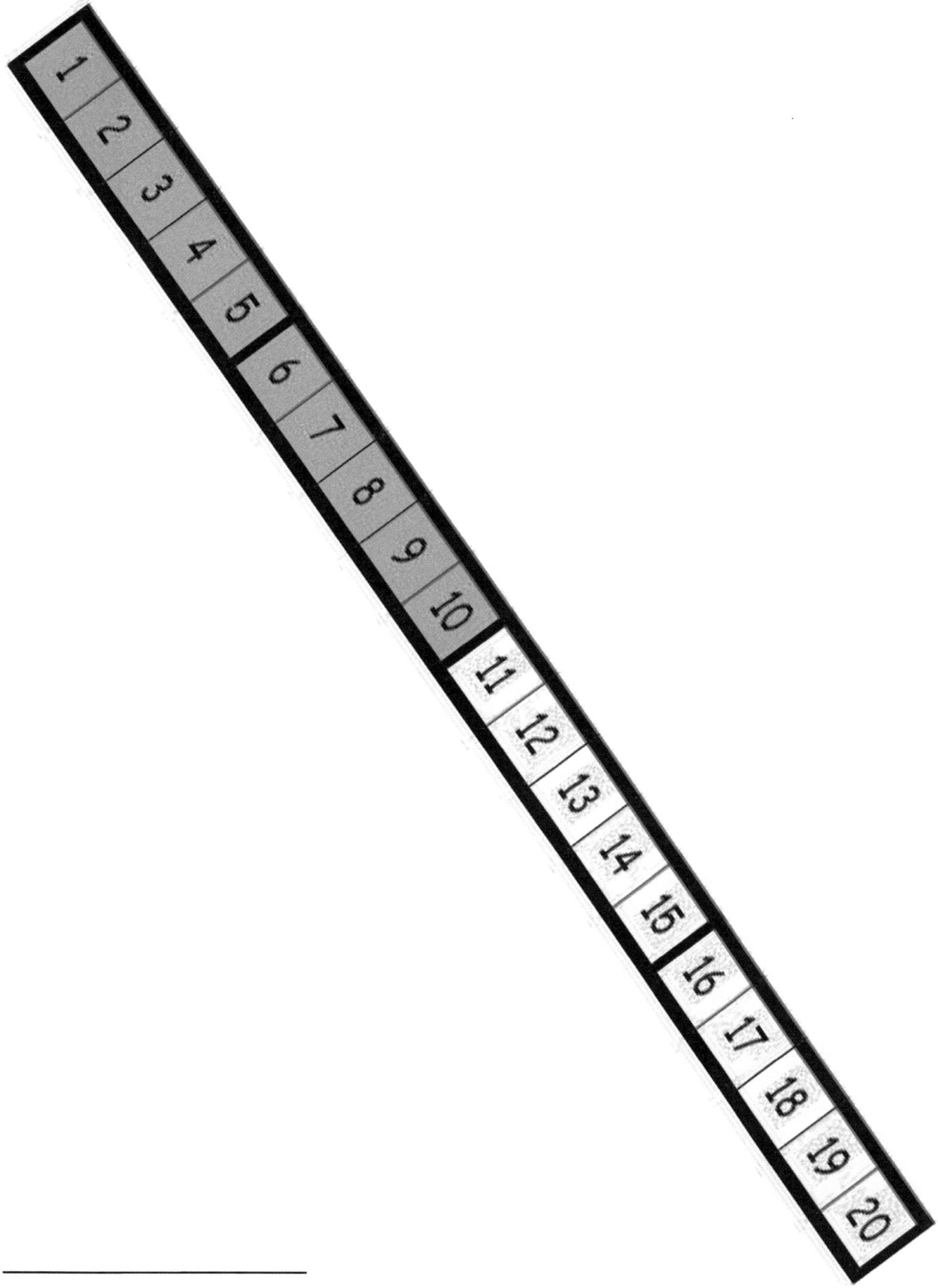

단위 이야기

20과 실력 향상 템플릿 2   1•2

숫자 경로 1-20; 18과

20과 :   10의 자리 숫자에서 7, 8, 9를 빼보세요.

읽기

교실에는 16개의 독서 매트가 있습니다. 9개의 독서 매트를 사용 중인 경우, 사용 가능한 독서 매트는 몇 개입니까?

그리기

쓰기

이름 _____ 날짜 _____

공원에서 16마리의 개가 놀고 있습니다. 그 중 7마리는 집으로 갔습니다.
공원에 아직도 남아있는 개는 몇 마리일까요?

1. 이야기와 정확하게 일치하는 모든 학생들의 풀이에 동그라미를 하세요.

a.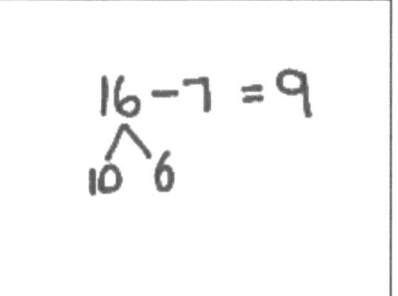
b.
c.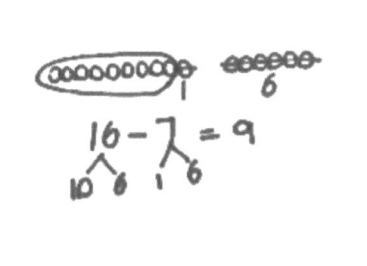

d.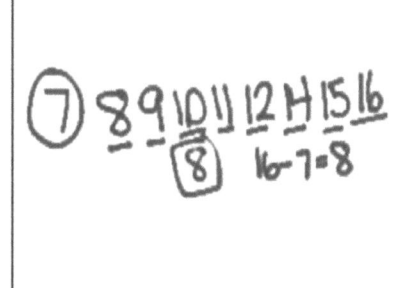
e.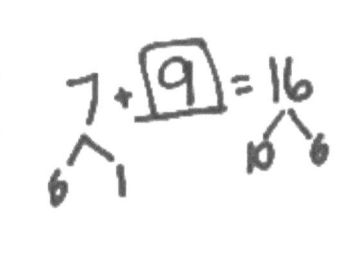
f.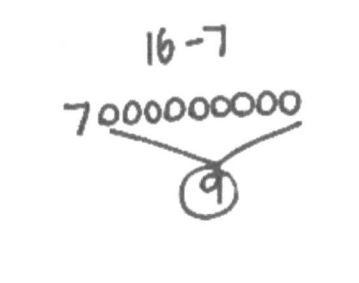

2. 아래 공간에 수식이 일치하는 새로운 그림을 그려서 틀린 풀이는 고쳐보세요.

단위 이야기

문제를 혼자서 풀어보세요. 그림이나 글로 자신의 생각을 보여주세요. 설명을 써서 문제에 답해보세요.

3. 상자에 슈가 쿠키가 12개 있었습니다. 친구와 나는 그 중 5개를 먹었습니다. 상자에 쿠키가 몇 개 남았을까요?

4. 메건은 도서관에서 17권의 책을 대출했습니다. 그녀는 그 중 9권을 읽었습니다. 이제 몇 권을 더 읽어야 할까요?

문제를 다 풀면 짝꿍과 함께 해결 방법을 공유하세요. 짝꿍은 각 문제를 어떻게 해결했나요? 짝꿍이 어떻게 문제를 풀었는지 발표할 준비를 하세요.

단위 이야기 | 21과 마무리 평가 | 1•2

이름 _____ 날짜 _____

멕은 10에서 가져오기 방법이 다음의 서술 문제를 해결할 수 있는 최선의 방법이라고 생각합니다 빌은 숫자 이어 세기 방법을 사용하여 문제를 해결하는 것이 더 낫다고 생각합니다. 둘 다 활용한 다음, 어떤 방법이 가장 좋은지 설명해보세요.

전략:
- 10에서 가져오기
- 10 만들기
- 숫자 이어 세기
- 그냥 알고 있었어요

마이크와 샐리는 고양이 6마리를 키웁니다. 그들은 모두 14마리의 애완 동물을 키우고 있습니다. 그 중 고양이가 아닌 애완 동물은 몇 마리일까요?

멕의 방법	빌의 방법

나는 _____ 방법이 가장 좋다고 생각합니다. _____ 그 이유는...

_____

_____ .

21과 : 결과를 모르는 뺄셈 문제와 10의 자리 숫자에서 더한 수를 알 수 없는 서술 문제에 대해 친구의 문제 푸는 방법을 공유하고 평가해보세요.

단위 이야기

22과 문제 세트 1·2

이름 _____ 날짜 _____

서술 문제를 읽어보세요.
그림을 그리고 표시하세요.
이야기와 일치하는 수식과 설명을 써보세요.

1. 이번 주에 마리아는 노란 자두 **5**개와 빨간 자두 몇 개를 먹었습니다. 그녀가 모두 **11**개의 자두를 먹었다면, 빨간 자두는 몇 개를 먹었을까요?

2. 타티아나는 **14**마리의 개구리를 세었습니다. 그 중 **8**마리는 연못에서 헤엄치고, 나머지는 수련 위에 앉아있었습니다. 수련 위에는 몇 마리의 개구리가 있었을까요?

22과: 더한 수를 알 수 없는 더하기/빼기 서술 문제를 풀고 숫자 이어 세기 방법을 10에서 가져오기 방법에 연관시켜보세요.

135

3. 몇 명의 아이들이 놀이터에 있습니다. 8명은 그네를 타고, 나머지는 술래잡기를 하고 있습니다. 모두 15명입니다. 술래잡기를 하는 아이들은 몇 명일까요?

4. 오시아는 논픽션 몇 권을 읽었습니다. 그런 다음 소설 7권을 읽었습니다. 오시아가 모두 16권의 책을 읽었다면, 논픽션은 몇 권을 읽었을까요?

짝꿍과 함께 그림과 수식을 공유해보세요.
그림이 이야기와 어떻게 일치하는지 짝꿍과 이야기해보세요.

| 단위 이야기 | 22과 마무리 평가 | 1•2 |

이름 _____   날짜 _____

서술 문제를 읽어보세요.
그림을 그리고 표시하세요.
이야기와 일치하는 수식과 설명을 써보세요.

문제를 풀어 작성한 수식의 답에 상자를 그려 표시하세요.

1. 씨 선생님이 가르치는 수업의 몇몇 학생들은 걸어서 학교에 다닙니다. 그녀의 수업에는 총 17명의 학생들이 있습니다. 8명이 버스를 타고 다닌다면, 걸어다니는 학생은 몇 명입니까?

2. 나는 파티를 위해 빵 13개를 구웠습니다. 몇 개는 타서 버렸습니다. 그리고 남은 빵 8개를 파티에 가져갔습니다. 타버린 빵은 몇 개일까요?

22과: 더한 수를 알 수 없는 더하기/빼기 서술 문제를 풀고 숫자 이어 세기 방법을 10에서 가져오기 방법에 연관시켜보세요.

읽기

아침에 고무나무 아래에 8개의 잎이 떨어져 있었습니다.

낮에는 더 많은 잎이 바닥에 떨어졌습니다. 이제 바닥에 13개의 잎이 있습니다.

낮 동안 몇 개의 잎이 떨어졌을까요?

그리기

�기

_____

_____

_____

23과: 여러 가지 덧셈과 뺄셈 방법에 연관시켜 변수를 알 수 없는 덧셈 문제를 풀어보세요.

서술 문제를 읽어보세요.
그림을 그리고 표시하세요.
이야기와 일치하는 수식과 설명을 써보세요.

1. 재닛은 주중에 8권의 책을 읽었습니다. 그리고 주말에는 더 많은 책을 읽었습니다. 그녀는 총 12권의 책을 읽었습니다. 재닛은 주말에 몇 권의 책을 읽었을까요?

2. 에릭은 이번 시즌에 13골을 넣었습니다! 그는 플레이오프 전에 5골을 넣었습니다. 에릭은 플레이오프 기간에 몇 골을 넣었을까요?

3. 나뭇가지에 무당벌레가 **8**마리 있었습니다. 무당벌레가 몇 마리 더 왔습니다. 이제 나뭇가지에 **15**마리의 무당벌레가 있습니다. 무당벌레는 몇 마리나 왔을까요?

4. 마르코는 학교에서 친구에게 야구 카드를 받았습니다. 이미 가족에게 **9**장의 야구 카드를 받아서 이제 총 **19**장이 되었다면, 그가 학교에서 받은 야구 카드는 몇 장일까요?

짝꿍과 함께 그림과 수식을 공유해보세요. 그림이 이야기와 어떻게 일치하는지 짝꿍과 이야기해보세요.

| 단위 이야기 | 23과 마무리 평가 | 1•2 |

이름 _____   날짜 _____

서술 문제를 읽어보세요.
그림을 그리고 **표시하세요**.
이야기와 일치하는 수식과 설명을 써보세요.

샤니카는 아침에 미니 프레첼을 7개 먹었습니다. 그리고 나머지는 오후에 먹었습니다. 그녀는 그날 총 13개의 미니 프레첼을 먹었습니다. 샤니카는 오후에 미니 프레첼을 몇 개 먹었을까요?

단위 이야기 | 24과 응용 문제 | 1•2

읽기

어제 나는 나뭇가지에서 11마리의 새를 보았습니다. 세 마리의 새가 나뭇가지에 와서 앉았습니다. 그럼 나뭇가지에는 몇 마리의 새가 있었을까요?

그리기

24과: 변수가 미지수인 뺄셈 문제를 해결하는 방법을 찾아보세요.

쓰기

_____

_____

_____

24과: 변수가 미지수인 뺄셈 문제를 해결하는 방법을 찾아보세요.

이름 _____ 날짜 _____

서술 문제를 읽어보세요.
그림을 그리고 표시하세요.
이야기와 일치하는 수식과 설명을 써보세요.

1. 호세는 물가에서 11마리의 개구리를 봤습니다. 몇몇 개구리는 물에 뛰어들었습니다. 이제 물가에는 8마리의 개구리가 있습니다. 몇 마리가 물에 뛰어들었을까요?

2. 카메론은 자신의 사과 중 몇 개를 여동생에게 주었습니다. 그가 가진 사과는 이제 9개입니다. 처음에 사과가 15개 있었다면, 카메론이 여동생에게 준 사과는 몇 개일까요?

24과: 변수가 미지수인 뺄셈 문제를 해결하는 방법을 찾아보세요.   147

3. 몰리는 16권의 책이 있었습니다. 그녀는 몇 권을 지아에게 빌려주었습니다. 몰리에게 8권의 책이 남아있다면, 지아는 몇 권을 빌렸을까요?

4. 18마리의 아기 염소가 밖에서 놀고 있었습니다. 그 중 몇 마리는 헛간에 들어갔습니다. 9마리는 밖에서 계속 놀았습니다. 헛간에 들어간 아기 염소는 몇 마리일까요?

짝꿍과 함께 그림과 수식을 공유해보세요. 짝꿍에게 그림에 대해 설명해보세요.

이름 _____   날짜 _____

서술 문제를 읽어보세요.
그림을 그리고 표시하세요.
이야기와 일치하는 수식과 설명을 써보세요.

18마리의 개가 웅덩이에서 첨벙거리고 있었습니다. 몇 마리의 개는 떠났습니다. 웅덩이에는 여전히 9마리의 개가 첨벙거리고 있습니다. 남은 개는 몇 마리일까요?

읽기

마이카는 트럭 16대가 있었지만 그 중 9대를 잃어버렸습니다. 찰스는 트럭 1대가 있었는데 어머니로부터 6대를 더 받았습니다. 마이카와 찰스 중에 더 많은 트럭을 가진 사람은 누구일까요?

그리기

�기

_____

_____

_____

단위 이야기

25과 문제 세트 1•2

이름 _____ 날짜 _____

표현식 카드를 사용하여 기억력 게임을 해보세요. 수식이 참이 되도록 일치하는 표현식을 써보세요.

1.
☐ = ☐

2.
☐ = ☐

3.
☐ = ☐

4.
☐ = ☐

5.
☐ = ☐

25과: 등호에 대한 이해를 바탕으로 등식 문제를 풀어보세요.

6. 나머지 식을 사용하여 참인 수식을 써보세요. 그림과 단어를 사용하여 두 수식의 미지수가 같다는 것을 보여주세요.

7. 알고 있는 다른 사실을 활용하여 위의 유형과 비슷한 최소 2개의 참인 수식을 써보세요.

8. 다음의 덧셈식은 거짓입니다. 각 문제에서 숫자 1개를 바꿔서 참인 수식을 만들고, 수식을 다시 써보세요.

   a. 8 + 5 = 10 + 2 _____

   b. 9 + 3 = 8 + 5 _____

   c. 10 + 3 = 7 + 5 _____

9. 다음의 뺄셈식은 거짓입니다. 각 문제에서 숫자 1개를 바꿔서 참인 수식을 만들고, 수식을 다시 써보세요.

   a. 12 - 8 = 1 + 2 _____

   b. 13 - 9 = 1 + 4 _____

   c. 1 + 3 = 14 - 9 _____

| 단위 이야기 | 25과 마무리 평가 | 1•2 |

이름 _____   날짜 _____

이 새로운 수식 카드가 주어졌습니다. 참이 되도록 일치하는 수식을 써보세요.

| 8 + 9 | | 12 - 7 | | 19 - 2 | | 2 + 15 |

| 3 + 2 | | 10 + 7 | | 14 - 9 | | 1 + 4 |

[_____] = [_____]

[_____] = [_____]

[_____] = [_____]

[_____] = [_____]

25과 : 등호에 대한 이해를 바탕으로 등식 문제를 풀어보세요.

읽기

루벤은 장난감 자동차가 18개 있습니다. 그의 자동차 캐리어에는 10대의 장난감 자동차를 실을 수 있습니다. 캐리어가 가득 찼다면, 캐리어와 캐리어 밖에는 각각 몇 대의 차가 있을까요?

그리기

26과: 10을 지칭하는 이름을 1 십으로 바꿔 단위로 정하세요.

�기

_____

_____

_____

| 단위 이야기 | 26과 문제 세트 | 1•2 |

이름 _____   날짜 _____

10을 (동그라미 하세요) 숫자를 쓰세요. 십과 일은 각각 몇 개일까요?

1.

은(는) _____ 십과

_____ 일과 같습니다.

2.

은(는) _____ 십과

_____ 일과 같습니다.

3.

은(는) _____ 십과

_____ 일과 같습니다.

4.

은(는) _____ 십과

_____ 일과 같습니다.

5.

은(는) _____ 십과

_____ 일과 같습니다.

26과: 10을 지칭하는 이름을 1 십으로 바꿔 단위로 정하세요.

영 숨기기 카드를 사용하여 십과 일을 모두 보여주세요.
십과 일이 몇 개인지 써보세요.

6. 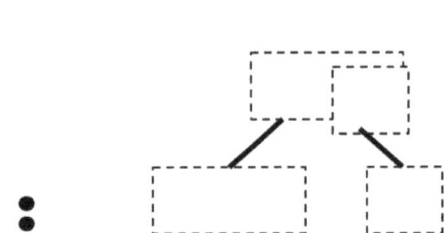 은(는) _____ 십과

_____ 일과 같습니다.

7. 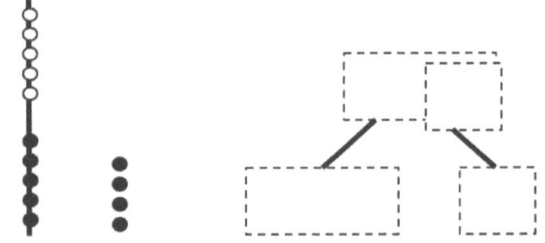 은(는) _____ 십과

_____ 일과 같습니다.

8. 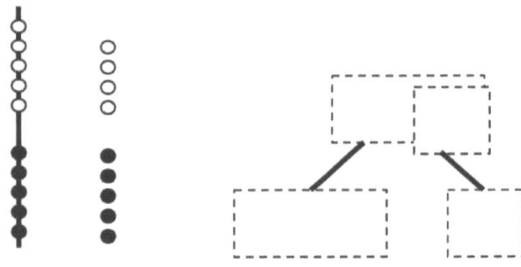 은(는) _____ 십과

_____ 일과 같습니다.

십 하나와 일 몇 개의 원을 그려보세요. 십과 일은 각각 몇 개인가요?

9. 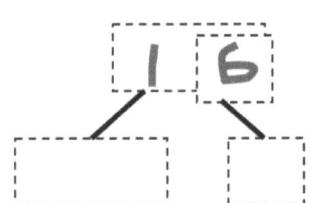 은(는) _____ 십과

_____ 일과 같습니다.

10.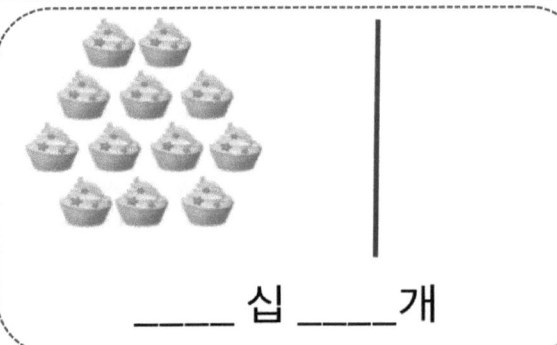

____ 십 ____ 개   ____ 십 ____ 개

26과: 10을 지칭하는 이름을 1 십으로 바꿔 단위로 정하세요.

이름 _____ 날짜 _____

십과 일의 그림을 영 숨기기 카드와 맞춰보세요. 십과 일은 몇 개일까요?

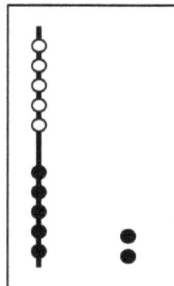 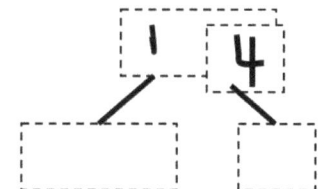 은(는) _____ 십과

_____ 일과 같습니다.

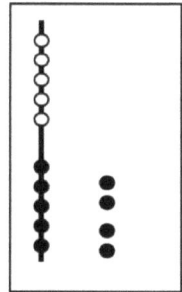 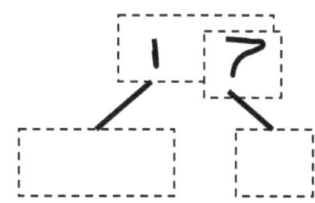 은(는) _____ 십과

_____ 일과 같습니다.

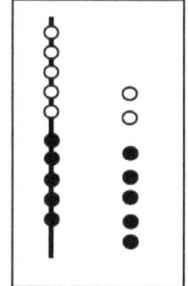 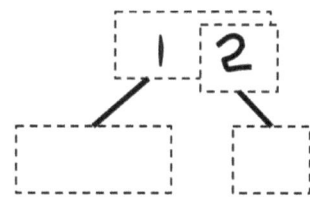 은 와 같다

_____ 10과 _____ 1 개.

26과: 10을 지칭하는 이름을 1 십으로 바꿔 단위로 정하세요.

읽기

루벤은 14대의 장난감 자동차를 정리하고 있습니다. 그가 자동차 캐리어를 채웠더니 4대가 들어가지 않고 남았습니다. 자동차 캐리어에 몇 대의 자동차가 들어갈까요?

그리기

�기

| 단위 이야기 | 27과 문제 세트 | 1•2 |

이름 _____   날짜 _____

문제를 풀어보세요. 10과 1이 각각 몇 개인지 보여주는 답을 쓰세요. 10이 하나만 있으면 "s"를 빼세요.

더하세요.

1. 12 + 6 = ☐☐

   _____ 십과 _____ 일

2. 5 + 13 = ☐☐

   _____ 십과 _____ 일

3. 8 + 7 = ☐☐

   _____ 십과 _____ 일

4. ☐☐ = 8 + 12

   _____ 십과 _____ 일

빼세요.

5. 17 - 4 = ☐☐

   _____ 십과 _____ 일

6. 17 - 5 = ☐☐

   _____ 십과 _____ 일

7. 14 - 6 = ☐☐

   _____ 십과 _____ 일

8. ☐☐ = 16 - 7

   _____ 십과 _____ 일

27과: 10의 자리 숫자를 십과 일로 분해하고 구성하여 덧셈과 뺄셈 문제를 풀어보세요.

단위 이야기 | 27과 문제 세트

서술 문제를 풀어보세요. <u>그</u>림을 그리고 표시하세요. <u>이</u>야기에 맞는 수식과 설명을 써보세요. 답을 다시 작성하여 십과 일을 표시하세요.

9. 프랭키와 마야는 해변에서 큰 모래성을 4개 쌓았습니다. 작은 모래성은 10개를 쌓았다면, 그들이 쌓은 모래성은 총 몇 개일까요?

_____ 십과 _____ 일

10. 로니는 별 스티커가 8개 있습니다. 그녀의 친구 시나가 7개를 더 주었습니다. 로니는 이제 몇 개의 스티커를 가지고 있을까요?

_____ 십과 _____ 일

11. 우리는 파티에서 풍선 14개를 테이블에 묶었지만, 3개가 날아가버렸습니다. 테이블에는 몇 개의 풍선이 아직도 묶여 있을까요?

_____ 십과 _____ 일

12. 나는 16개의 딸기를 따서 그 중 5개를 먹었습니다. 몇 개가 남았을까요?

_____ 십과 _____ 일

27과: 10의 자리 숫자를 십과 일로 분해하고 구성하여 덧셈과 뺄셈 문제를 풀어보세요.

이름 _____   날짜 _____

문제를 풀어보세요. 십과 일이 각각 몇 개인지 보여주는 답을 쓰세요.

1.
13 + 6 = ☐☐

_____ 십과 _____ 일

2.
7 + 6 = ☐☐

_____ 십과 _____ 일

서술 문제를 풀어보세요. 그림을 그리고 표시하세요. 이야기에 맞는 수식과 설명을 쓰세요. 답을 다시 작성하여 십과 일을 표시하세요.

3. 켄드릭은 볼링을 치러 갔습니다. 그는 처음 두 프레임에서 16핀을 쓰러뜨렸습니다. 만약 그가 첫 번째 프레임에서 9개를 쓰러뜨렸다면, 두 번째 프레임에서는 몇 개의 핀을 쓰러뜨렸을까요?

_____ 십과 _____ 일

읽기

루벤은 파란 차 7대와 빨간 차 6대가 있습니다. 루벤이 10대가 들어가는 차량 캐리어에 파란 차를 모두 넣었다면, 빨간 차는 몇 대를 넣을 수 있을까요? 그리고 몇 대가 들어가지 않고 캐리어 밖에 남을까요?

그리기

쓰기

이름 _____   날짜 _____

문제를 풀어보세요. 2단계로 풀이 과정을 보여주세요.

1단계 : 십을 만드는 수식 1개를 씁니다.
2단계 : 십에 더하는 수식 1개를 씁니다.

$9 + 4 = \boxed{1\ 3}$

$9 + 1 = 10$
$10 + 3 = 13$

1. $9 + 5 = \square\square$

    ____ + ____ = ____

    ____ + ____ = ____

2. $8 + 6 = \square\square$

    ____ + ____ = ____

    ____ + ____ = ____

문제를 풀어보세요. 그런 다음 설명을 써서 답을 보여주세요.

3. 수힌은 9장의 사진으로 콜라주를 만들었습니다. 아델은 6장의 사진으로 콜라주를 만들었습니다. 그들은 몇 장의 사진을 사용했을까요?

____ + ____ = ____

____ + ____ = ____

4. 임란은 필통에 크레용 8개를, 책상에는 크레용 7개를 가지고 있습니다. 임란은 모두 몇 개의 크레용이 있을까요?

____ + ____ = ____

____ + ____ = ____

28과: 십을 단위로 사용하여 덧셈 문제를 해결하고 2단계 풀이를 적어보세요.

5. 공원에는 연못에서 수영하는 오리가 4마리 있었습니다. 잔디 위에 9마리의 오리가 있다면, 공원에는 오리가 모두 몇 마리 있을까요?

_____ + _____ = _____

_____ + _____ = _____

6. 쎄쎄는 7개의 쿠키에 설탕을 입히고 8개에는 설탕 장식을 뿌렸습니다. 쎄쎄는 몇 개의 쿠키를 만들었을까요?

7. 페이튼은 돌고래와 고래에 관한 책을 8권 읽었습니다. 개와 고양이에 관한 책은 9권 읽었습니다. 그녀는 동물에 관한 책을 모두 몇 권이나 읽었을까요?

단위 이야기   28과 마무리 평가   1·2

이름 _____   날짜 _____

문제를 풀어보세요. 십과 일이 각각 몇 개인지 보여주는 답을 쓰세요.

$9 + 7 = \boxed{1}\boxed{6}$

$9 + 1 = 10$
$10 + 6 = 16$

1. $9 + 4 = \boxed{}\boxed{}$

____ + ____ = ____

____ + ____ = ____

2. $8 + 7 = \boxed{}\boxed{}$

____ + ____ = ____

____ + ____ = ____

28과   십을 단위로 사용하여 덧셈 문제를 해결하고 2단계 풀이를 적어보세요.

읽기

해정은 13개의 마커를 갖고 있었는데 그 중 몇 개를 릴리에게 주었습니다. 해정이 5개의 마커를 가지고 있다면, 릴리에게 몇 개의 마커를 주었을까요?

그리기

�기

| 단위 이야기 | 29과 문제 세트 |

이름 _____   날짜 _____

문제를 풀어보세요. 십과 일이 각각 몇 개인지 보여주는 답을 쓰세요.
2단계로 풀이 과정을 보여주세요.

1단계: 십에서 빼는 수식 1개를 씁니다.
2단계: 나머지 수들을 더하는 수식 1개를 씁니다.

> $\boxed{1\ 2}$ - 4 = 8
> 10 - 4 = 6
> 6 + 2 = 8

1. $\boxed{1\ 4}$ - 5 = _____

   ____ - ____ = ____

   ____ + ____ = ____

2. $\boxed{1\ 3}$ - 8 = _____

   ____ - ____ = ____

   ____ + ____ = ____

3. 타티아나는 14마리의 개구리를 세었습니다. 연못에는 8마리가 헤엄치고 있고, 나머지 개구리들은 수련 위에 앉아있었습니다. 수련 위에는 몇 마리의 개구리가 앉아있었을까요?

   14 - 8 = ____

   ____ - ____ = ____

   ____ + ____ = ____

4. 이번 주에 마리아는 노란 자두 4개와 빨간 자두 몇 개를 먹었습니다. 그녀가 모두 11개의 자두를 먹었다면 빨간 자두는 몇 개 먹었을까요?

   ____ - ____ = ____

   ____ + ____ = ____

29과: 십을 단위로 사용하여 뺄셈 문제를 해결하고 2단계 풀이를 적어보세요.

5. 몇 명의 아이들이 놀이터에서 술래잡기를 하고 있습니다. 8명은 그네를 타고 있습니다. 놀이터에 모두 16명의 아이들이 있다면, 술래잡기를 하는 아이들은 몇 명일까요?

_____ - _____ = _____

_____ + _____ = _____

6. 오시아는 논픽션 책을 몇 권 읽었습니다. 그런 다음 소설을 6권 읽었습니다. 그가 18권을 모두 읽었다면, 논픽션 책은 몇 권 읽었을까요?

7. 해들리의 재킷에는 9개의 단추가 있습니다. 그녀의 셔츠에는 단추가 몇 개 더 있습니다. 해들리의 재킷과 셔츠에는 총 17개의 단추가 있습니다. 셔츠에는 몇 개의 단추가 있을까요?

단위 이야기

29과 마무리 평가 1•2

이름 _____   날짜 _____

문제를 풀어보세요. 십과 일이 각각 몇 개인지 보여주는 답을 쓰세요.

$\boxed{1\ 2} - 5 = 7$
$10 - 5 = 5$
$5 + 2 = 7$

1. $\boxed{1\ 5} - 6 = \underline{}$

   ___ - ___ = ___

   ___ + ___ = ___

2. $\boxed{1\ 4} - 8 = \underline{}$

   ___ - ___ = ___

   ___ + ___ = ___

29과: 십을 단위로 사용하여 뺄셈 문제를 해결하고 2단계 풀이를 적어보세요.

1학년
모듈 3

읽기

나이젤과 코리는 각각 길이가 같은 새로운 연필이 있습니다. 코리는 연필을 너무 많이 사용하여 여러 번 깎아야 합니다. 나이젤은 그의 연필을 전혀 사용하지 않습니다. 나이젤과 코리는 연필을 비교합니다. 누구의 연필이 더 긴가요? 그림을 그려 생각을 보여주세요.

그리기

1과 : 길이를 직접 비교하고 끝점 정렬의 중요성을 고려하세요.

쓰기

_____

_____

_____

1과: 길이를 직접 비교하고 끝점 정렬의 중요성을 고려하세요.

이름 _____ 날짜 _____

문장을 참으로 만들기 위해 ~보다 깁니다 또는 ~보다 짧습니다 단어를 쓰세요.

1.

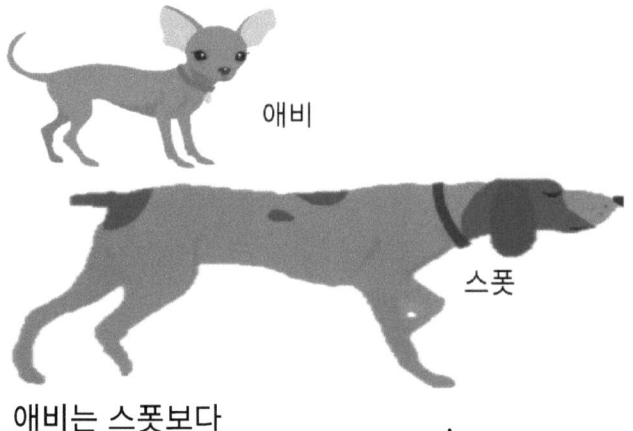

애비는 스폿보다 _____.

2.

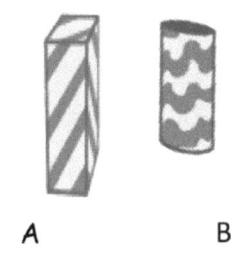

B는 A보다 _____.

3.

미국 국기 모자는
요리사 모자보
다 _____.

4.

더 어두운 박쥐의 날개 길이는
더 밝은 박쥐의 날개 길이보
다 _____.

5.

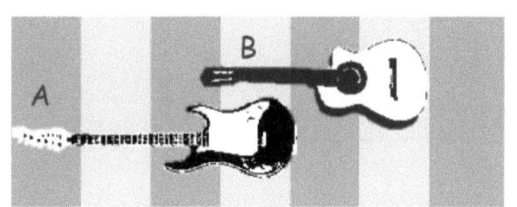

기타 B는 기타 A보다

_____.

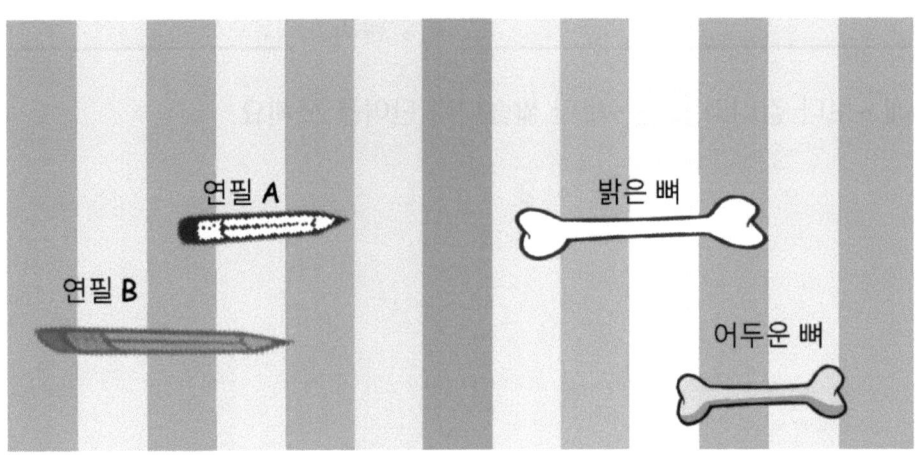

6. 연필 B는 연필 A보다 _____.

7. 어두운 뼈는 밝은 뼈보다 _____.

8. 참 또는 거짓을 동그라미 치세요.
   밝은 뼈는 연필 A보다 짧습니다.   **참** 또는 **거짓**

---

9. 3개의 학용품을 찾으세요. **여기에 가장 짧은 것부터 가장 긴 순서로 그리세요.** 각 학용품에 라벨을 붙이세요.

이름 _____   날짜 _____

문장을 참으로 만들기 위해 ~보다 깁니다 또는 ~보다 짧습니다 단어를 쓰세요.

A

B

신발 A는 신발 B보다 _____.

읽기

조던은 3개의 동물 인형이 있습니다: 기린, 곰, 그리고 원숭이 입니다. 기린은 원숭이보다 키가 큽니다. 곰은 원숭이보다 키가 작습니다. 각 동물의 키가 얼마나 큰지를 보여주기 위해 키가 가장 작은 동물부터 가장 큰 동물까지 그려 보세요.

그리기

�기

_____

_____

_____

이름 _____ 날짜 _____

1. 선생님이 제공한 종이띠를 사용하여 각 **그림**을 측정하세요. 문장을 참으로 만드는 데 필요한 단어에 동그라미를 치세요. 그런 다음 빈칸을 채우세요.

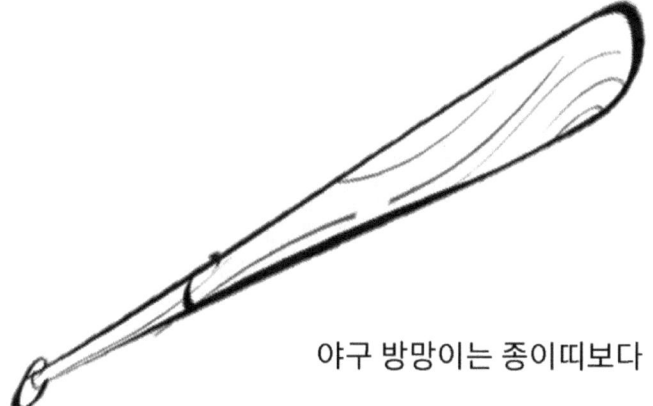

야구 방망이는 종이띠보다

| 깁니다 |
| 짧습니다 |
| 같은 길이입니다 |

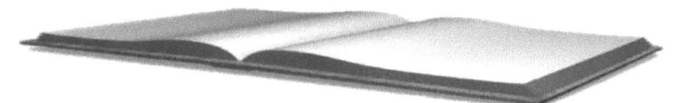

이 책은 종이띠보다

| 깁니다 |
| 짧습니다 |
| 같은 길이입니다 |

야구 방망이는 책보다 _____.

2. 문장을 참으로 만들기 위해 ~보다 깁니다, ~보다 짧습니다, 또는 길이가 같습니다로 문장을 완성하세요.

a.

튜브는 컵보다 _____ .

b.

다리미는 다리미판보다 _____ .

문제 1과 2의 측정 값을 사용하세요. 문장을 참으로 만드는 단어에 동그라미를 치세요.

3. 야구 방망이는 컵보다 (**깁니다/짧습니다**).

4. 컵은 다리미판보다 (**깁니다/짧습니다**).

5. 다리미판은 책보다 (**깁니다/짧습니다**).

6. 이 물체들을 가장 짧은 것부터 가장 긴 것까지 순서대로 나열하세요 :

   컵, 튜브 그리고 종이띠

_____   _____   _____

측정값 설명을 작성하도록 도와주는 그림을 그리세요. 각 설명이 참이 되도록 만드는 단어를 동그라미 치세요.

7. 새미는 디온보다 키가 큽니다.
   자넬은 새미보다 키가 큽니다.
   디온은 자넬 (보다 키가 큽니다/보다 키가 작습니다).

8. 로라의 목걸이는 미할의 목걸이보다 더 깁니다.
   로라의 목걸이는 사라이의 목걸이보다 짧습니다.
   사라이의 목걸이는 (미할의 목걸이 (보다 깁니다/보다 짧습니다)).

이름 _____ 날짜 _____

측정값 설명을 작성하도록 도와주는 그림을 그리세요. 각 설명을 참으로 만드는 단어에 동그라미를 치세요.

타냐의 인형은 앨린의 인형보다 짧습니다.

미라의 인형은 앨린의 인형보다 키가 큽니다.

타냐의 인형은 **(미라의 인형 (보다 키가 큽니다/보다 키가 작습니다))**.

_____가 내 발보다
(교실내 물건)
길면

_____은 내 발보다
(교실내 물건)
짧습니다.

_____은 _____
(교실내 물건)   (교실내 물건)
보다 깁니다.

내 발은 _____와 길이가
(교실내 물건)
거의 같습니다.

간접 비교문

읽기

이 두 문장에 맞는 그림 한 장을 그리십시오.

책이 색인 카드보다 깁니다. 책이 폴더보다 짧습니다.

색인 카드 또는 폴더 중 더 긴 것은 무엇입니까? 두 물체를 비교하는 문장을 작성하세요. 질문에 답하는 데 도움이되도록 그림을 사용하세요.

그리기

쓰기

이름 _____   날짜 _____

1. 놀이방에서 룰루는 인형 집에서 공원까지의 거리를 측정하는 줄 한 개를 잘라 냈습니다. 그녀는 끈을 가져 와서 공원과 상점 사이의 거리를 측정하려고 시도했지만 끈이 다 떨어졌습니다!

   더 긴 경로는 무엇입니까? 답에 동그라미를 치십시오.

   공원에서 인형 집까지

   공원에서 가게까지

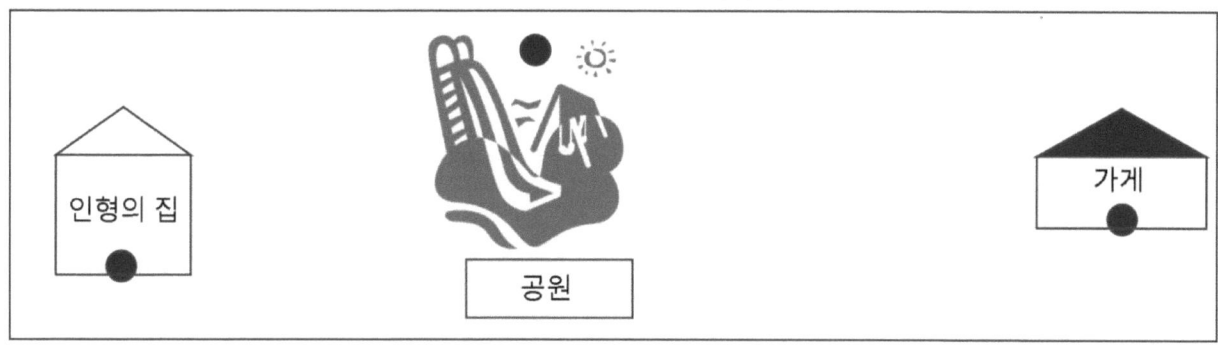

직사각형에 대한 질문에 대답하려면 그림을 사용하세요.

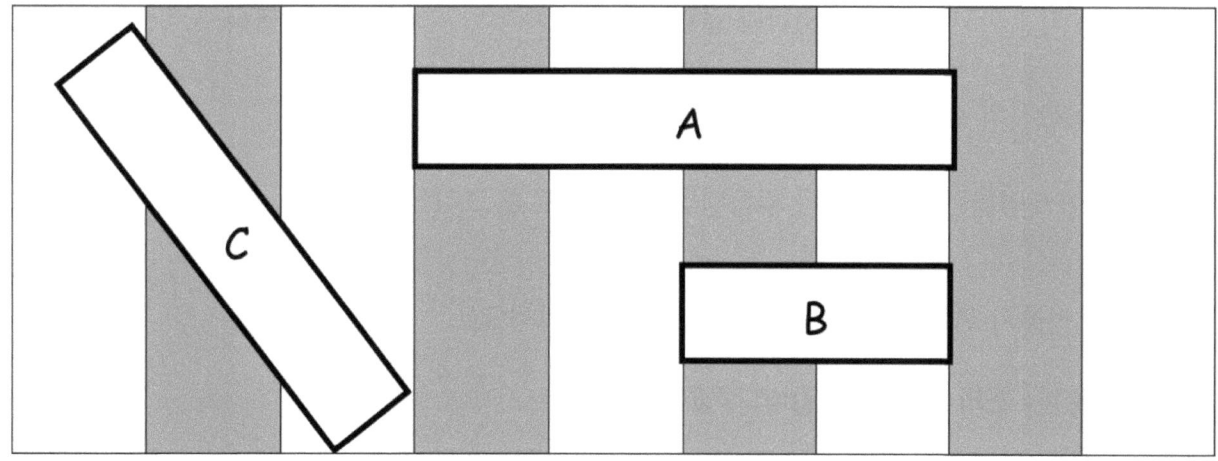

2. 가장 짧은 직사각형은 무엇입니까? _____

3. 직사각형 A가 직사각형 C보다 긴 경우 가장 긴 사각형은 _____.

4. 직사각형을 가장 짧은 것부터 가장 긴 것까지 순서대로 나열하세요:

   _____ _____ _____

그림을 사용하여 학생들의 학교까지의 경로에 관한 질문에 대답하세요.

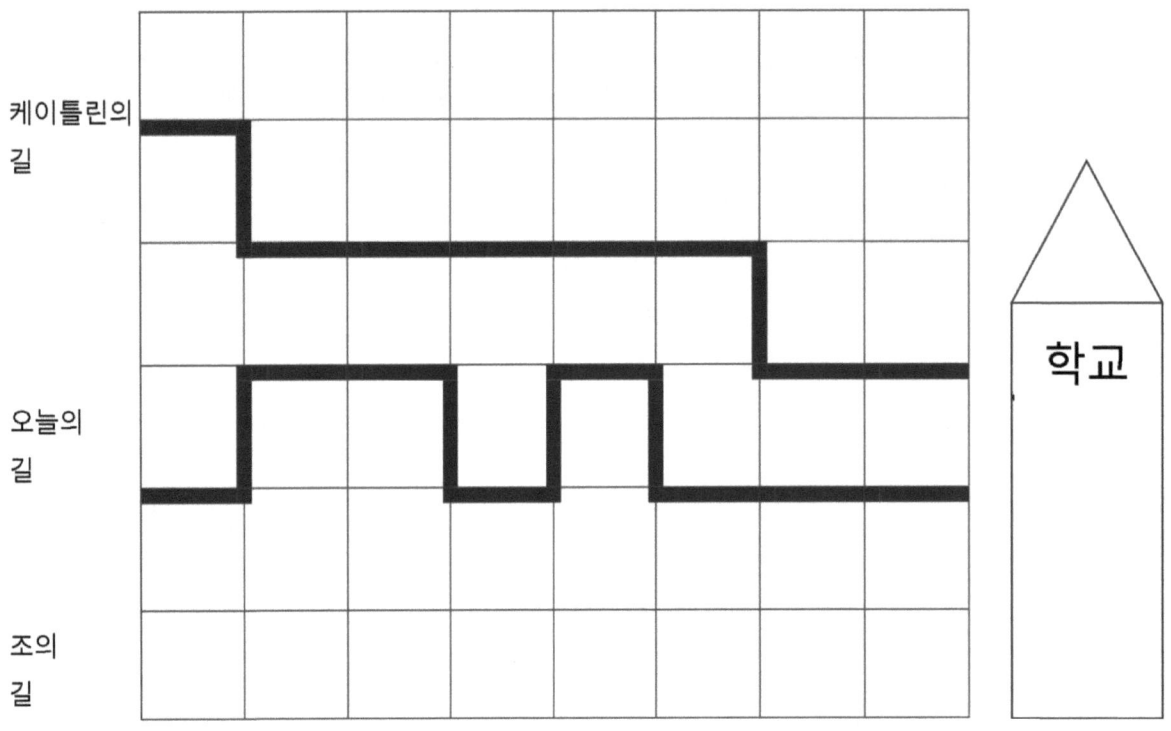

5. 케이틀린의 학교까지의 경로는 얼마나 걸립니까? _____ 블록

6. 토비의 학교까지의 경로는 얼마나 걸립니까? _____ 블록

7. 조의 경로는 케이틀린의 경로보다 짧습니다. 조의 경로를 그리십시오.

설명을 참으로 만들기 위해 올바른 단어에 동그라미를 치세요.

8. 토비의 경로는 **조의 경로보다 깁니다/짧습니다**.

9. 누가 학교까지 가장 짧은 경로로 갔습니까? _____

10. 가장 짧은 경로부터 가장 긴 경로까지 순서대로 나열하세요.

_____   _____   _____

이름 _____   날짜 _____

그림을 사용하여 학생들이 박물관으로 가는 경로에 관한 질문에 답하세요.

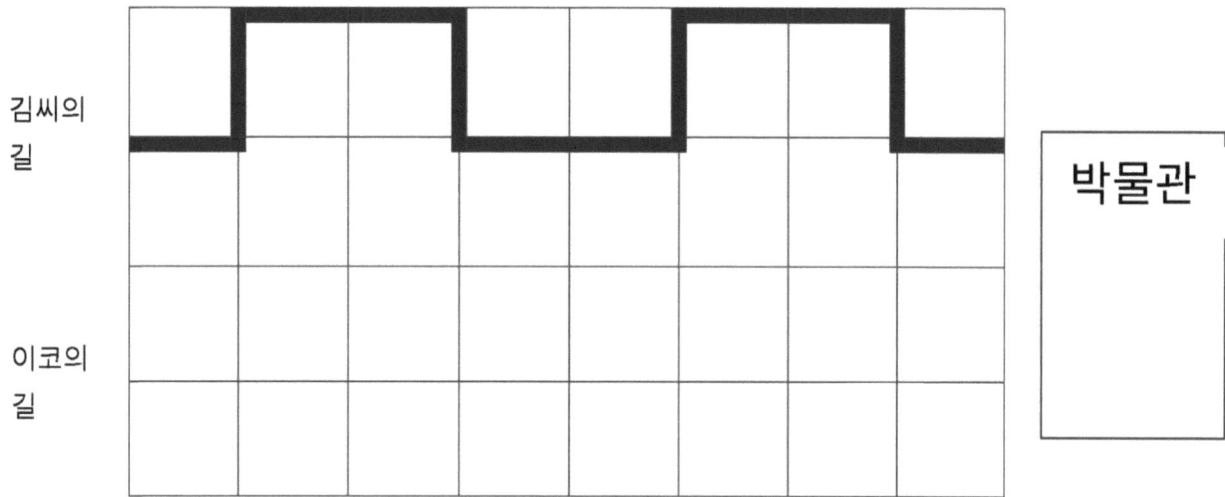

1. 킴은 박물관까지 가는 경로는 얼마나 깁니까? _____ 블록

2. 이코의 경로는 킴의 경로보다 짧습니다. 이코의 경로를 그리세요.

설명을 참으로 만들기 위해 올바른 단어에 동그라미를 치세요.

3. 킴의 경로는 **이코의 경로보다 깁니다/짧습니다.**

4. 이코가 박물관으로 가는 경로는 얼마나 깁니까? _____ 블록

단위 이야기

3과 템플릿 1•3

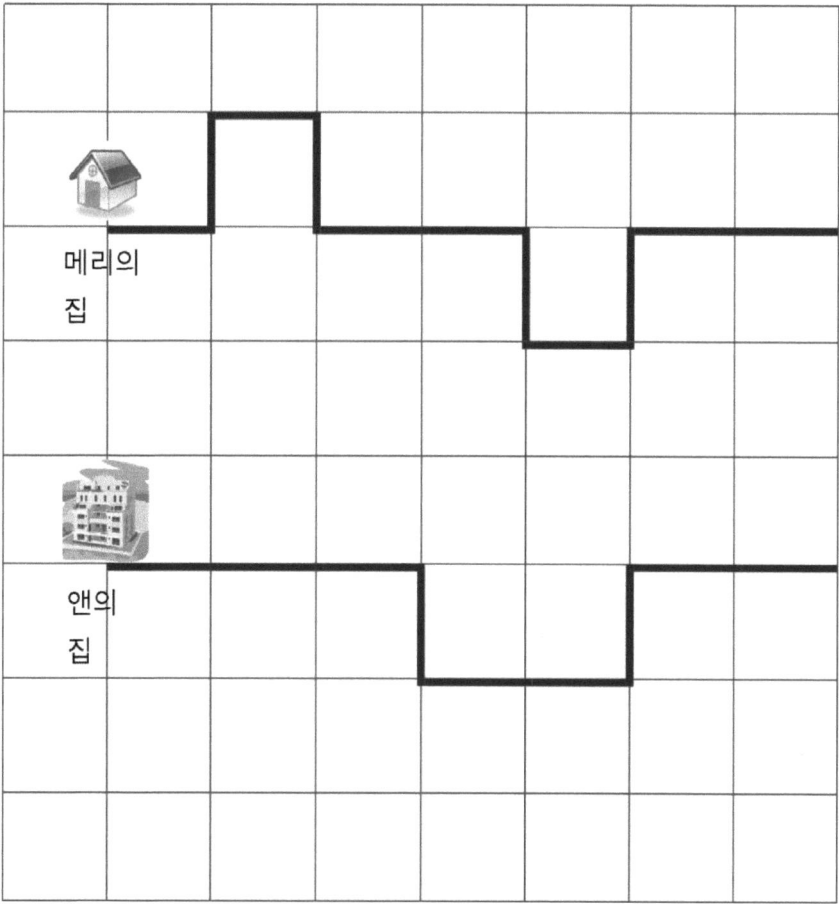

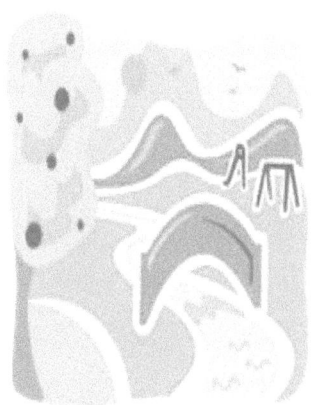

공원

도시 블록 그리드

3과: 간접 비교를 사용하여 3개의 길이를 순서대로 나열하세요.

읽기

조는 방 사이의 거리를 측정하기 위해 그의 방에서 여동생 방까지 줄을 달았습니다. 그의 방에서 남동생의 방까지의 거리를 측정하기 위해 같은 줄을 사용하려고했을 때 줄이 닿지 않았습니다! 남동생 방과 여동생 방 중에 어느 방이 조의 방에 더 가깝습니까?

그리기

쓰기

이름 _____   날짜 _____

큐브로 각 그림의 길이를 측정하세요. 아래 설명을 완성하세요.

1. 연필은 _____ 센티미터 큐브 길이입니다.

2. 냄비는 _____ 센티미터 큐브 길이입니다.

3. 신발은 _____ 센티미터 큐브 길이입니다.

4. 병은 _____ 센티미터 큐브 길이입니다.

5. 붓은 _____ 센티미터 큐브 길이입니다.

6. 가방은 _____ 센티미터 큐브 길이입니다.

7. 개미는 _____ 센티미터 큐브 길이입니다.

8. 컵 케이크는 _____ 센티미터 큐브 길이입니다.

9.

소 스티커는 _____ 센티미터 큐브 길이입니다.

10.

꽃병은 _____ 센티미터 큐브 길이입니다.

11. 올바른 측정 방법을 보여주는 그림에 동그라미를 치세요.

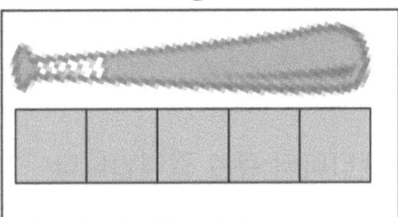

12. 잘못된 측정 결과를 보여주는 그림을 어떻게 고치겠습니까?

_____

_____

이름 _____   날짜 _____

1.

액자는 _____ 센티미터 큐브 길이입니다.

2.

소년의 목발은 약 _____ 센티미터 큐브 길이입니다.

단위 이야기   4과 템플릿 1•3

이름 _____   날짜 _____

교실 물건들	센티미터 큐브를 사용한 길이
접착제 스틱	_____ 센티미터 큐브 길이
마커	_____ 센티미터 큐브 길이
공예 막대	_____ 센티미터 큐브 길이
종이 클립	_____ 센티미터 큐브 길이
	_____ 센티미터 큐브 길이
	_____ 센티미터 큐브 길이
	_____ 센티미터 큐브 길이

측정 기록 시트

4과 : 간격이나 겹침 없이 측정하기 위해 센티미터 큐브를 길이 단위로 사용하여 물체의 길이를 표현하세요.

읽기

에이미는 센티미터 큐브를 사용하여 책의 길이를 측정했습니다.

그녀는 8개의 노란 센티미터 큐브와 4개의 빨간 센티미터 큐브를 사용했습니다.

그녀의 책은 몇 센티미터 큐브 길이입니까?

그리기

�기

_____

_____

_____

이름 _____ 날짜 _____

1. 올바르게 측정된 물체에 동그라미를 치세요.

a.
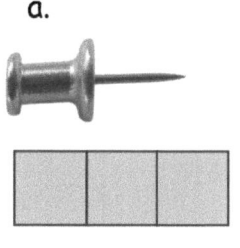

3 센티미터 길이

b.
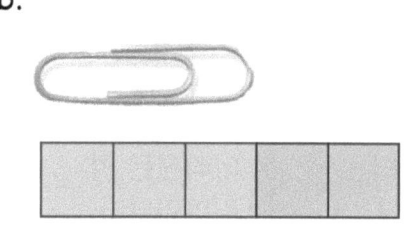
5 센티미터 길이

c.
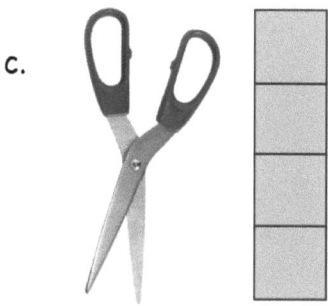
4 센티미터 길이

2. 큐브로 1(b)의 종이 클립을 측정하세요. 그런 다음 센티미터 자로 큐브를 확인하세요.

   종이 클립은 _____ *센티미터 큐브* 길이입니다.

   종이 클립은 _____ *센티미터* 길이입니다.

   디브리프 동안 왜 이것이 같거나 다른지 설명할 준비를 하십시오!

3. 센티미터 큐브를 사용하여 왼쪽에서 오른쪽으로 각 그림의 길이를 측정하세요. 각 그림의 길이에 대한 설명을 센티미터 단위로 작성하세요.

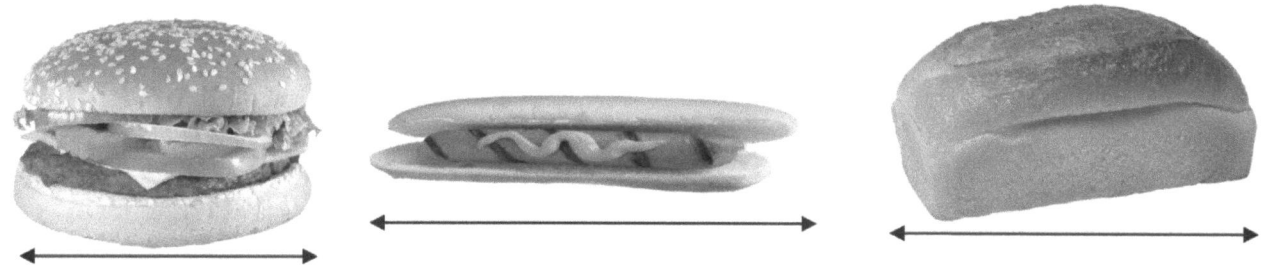

   a. 햄버거 그림은 _____ 센티미터 길이입니다.

   b. 핫도그 그림은 _____ 센티미터 길이입니다.

   c. 빵 그림은 _____ 센티미터 길이입니다.

4. 센티미터 큐브를 사용하여 아래 물체를 측정하세요. 각 물체의 길이를 채워 넣으세요.

a.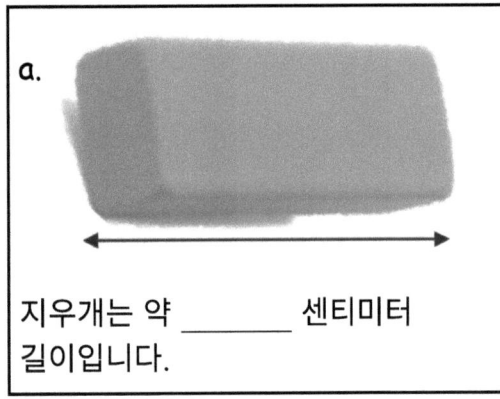
지우개는 약 _____ 센티미터 길이입니다.

b.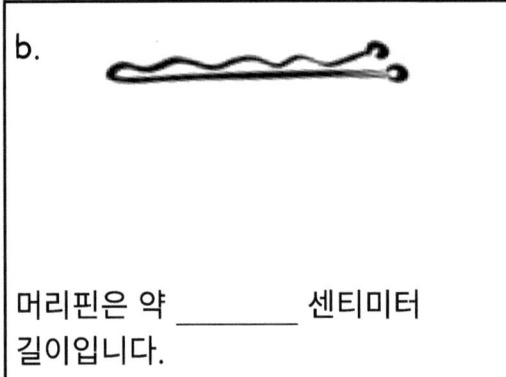
머리핀은 약 _____ 센티미터 길이입니다.

c.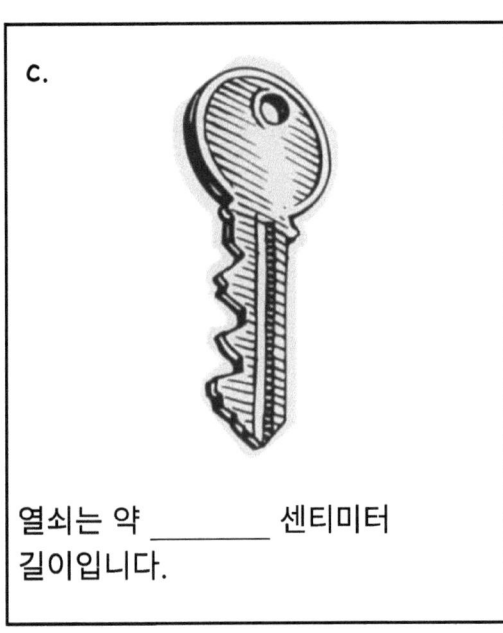
열쇠는 약 _____ 센티미터 길이입니다.

d.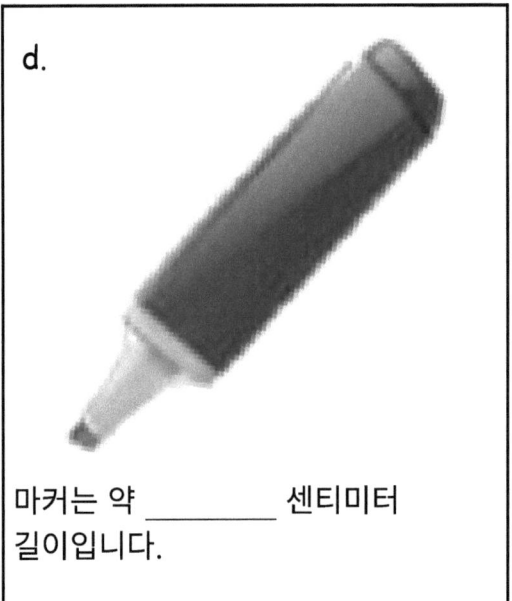
마커는 약 _____ 센티미터 길이입니다.

5. 지우개는 _____ 보다 깁니다. 그러나, _____ 보다 짧습니다.

6. 문장을 참이 되게 만드는 단어에 동그라미를 치세요.

종이 클립이 열쇠보다 짧다면, 마커는 종이 클립보다 깁니다/짧습니다.

이름 _____   날짜 _____

센티미터 큐브를 사용하여 항목을 측정하세요. 문장을 완성하세요.

1. 물병은 _____ 센티미터 높이입니다.

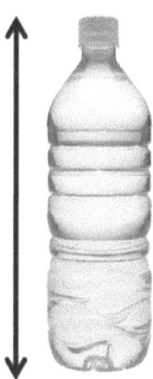

2. 멜론은 약 _____ 센티미터 길이입니다.

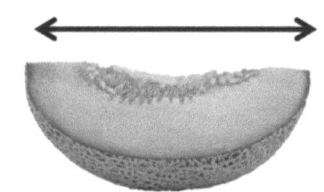

3. 나사는 약 _____ 센티미터 길이입니다.

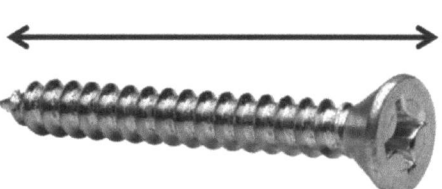

4. 우산은 약 _____ 센티미터 높이입니다.

읽기

줄리아의 막대 사탕은 15 센티미터 길이입니다. 그녀는 9개의 빨간 센티미터 큐브와 파란 센티미터 큐브 몇 개로 막대 사탕을 측정했습니다. 그녀는 몇 개의 파란 센티미터 큐브를 사용 했습니까? RDW 프로세스 사용하는 것을 기억하세요.

그리기

�기

이름 _____   날짜 _____

1. 벌레의 순서대로 가장 긴 것부터 가장 짧은 것까지 줄 위에 벌레 이름을 써보세요. 센티미터 큐브를 사용하여 답을 확인하세요. 그림 오른쪽 공간에 각 벌레의 길이를 쓰세요.

   가장 긴 벌레부터 가장 짧은 벌레는

   _____   _____   _____

   파리

   ____ 센티미터

   애벌래

   ____ 센티미터

   벌

   ____ 센티미터

2. 숫자 1, 2 및 3을 사용하여 가장 짧은 것부터 가장 긴 것까지 아래에 물체의 순서를 정하세요. 센티미터 큐브를 사용하여 답을 확인한 다음 문제 d, e, f 및 g에 대한 문장을 완성하세요.

   a. 뿔피리 : _____

   b. 풍선: _____

   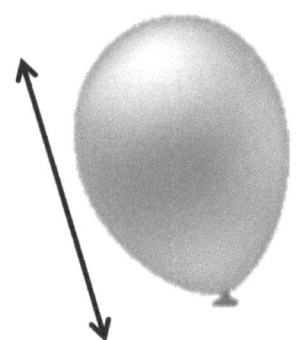

   c. 선물: _____

   d. 선물은 약 _____ 센티미터 길이입니다.

   e. 뿔피리는 약 _____ 센티미터 길이입니다.

   f. 풍선은 약 _____ 센티미터 길이입니다.

   g. 뿔피리는 _ 선물보다 약 _____ 센티미터 더 깁니다.

센티미터 큐브를 사용하여 각 길이를 모형으로 만들고 질문에 대답하세요. 답을 위한 설명을 쓰세요.

3. 피터의 장난감 티렉스의 키는 11 센티미터이고 그의 장난감 벨로시랩터의 키는 6 센티미터입니다. 티렉스는 벨로시랩터보다 얼마나 큰가요?

4. 미겔의 연필은 17 센티미터를 굴렀고, 소냐의 연필은 9 센티미터를 굴렀다. 소냐의 연필이 미겔의 연필보다 얼마나 덜 굴렀습니까?

5. 타니아는 빈스의 탑보다 3 센티미터 더 높은 큐브 탑을 만듭니다. 빈스의 탑의 높이가 9 센티미터라면 타니아의 탑의 높이는 얼마입니까?

이름 _____   날짜 _____

도구 그림의 측정 값을 읽으세요.

렌치의 길이는 8 센티미터입니다.

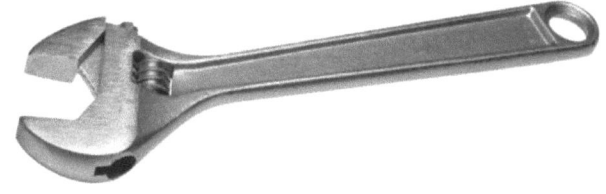

드라이버의 길이는 12 센티미터입니다.

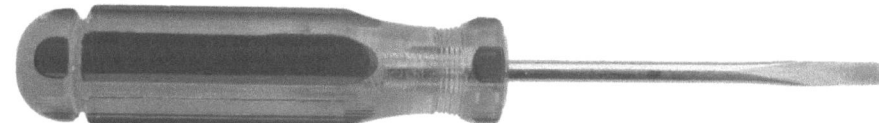

망치는 9 센티미터 길이입니다.

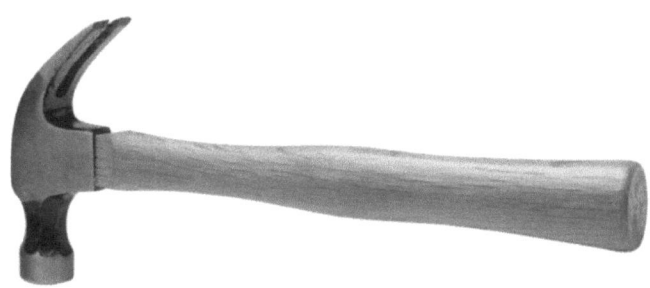

1. 가장 짧은 것부터 가장 긴 것까지 도구 그림의 순서를 정하세요.

   _____   _____   _____

2. 렌치보다 드라이버가 얼마나 더 깁니까?

   드라이버는 렌치보다 _____ 센티미터 더 깁니다.

읽기

코리는 새 연필을 측정할 때 19 센티미터 큐브를 사용합니다. 연필을 깎은 후에는 4개 적은 센티미터 큐브가 필요합니다. 코리가 연필을 깎은 후에 그의 연필의 길이는 얼마인가요? 센티미터 큐브를 사용하여 문제를 해결하십시오. 질문에 답하기 위한 식과 명제를 작성하세요.

그리기

�기

_____

_____

_____

이름 _____ 날짜 _____

1 **큰** 종이 클립을 가지고 각 물체의 길이를 측정하세요. 측정 값으로 차트를 채우세요.

물체의 이름	큰 종이 클립 수
a. 병	
b. 애벌래	
c. 열쇠	
d. 펜	
e. 소 스티커	
f. 문제 설정 용지	
g. 책읽기 (교실에서)	

2. **작은** 종이 클립을 가지고 각 물체의 길이를 측정하세요. 측정 값으로 차트를 채우세요.

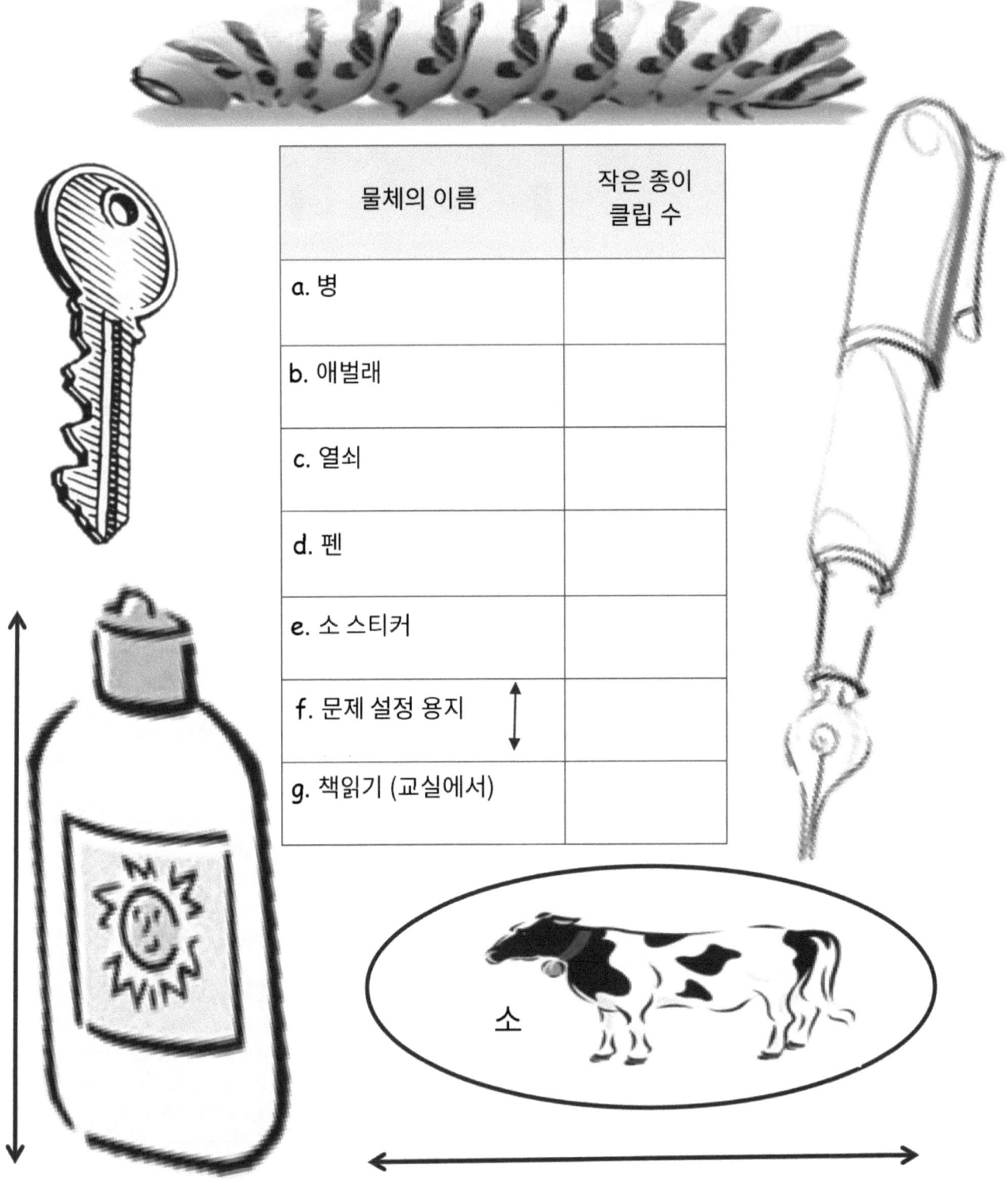

물체의 이름	작은 종이 클립 수
a. 병	
b. 애벌래	
c. 열쇠	
d. 펜	
e. 소 스티커	
f. 문제 설정 용지	
g. 책읽기 (교실에서)	

이름 _____ 날짜 _____

큰 종이 클립을 가지고 각 물체의 길이를 측정하세요. 그런 다음, **작은** 종이 클립을 가지고 각 물체의 길이를 측정하세요. 측정 값으로 차트를 채우세요.

물체의 이름	큰 종이 클립 수	작은 종이 클립 수
a. 활		
b. 양초		
c. 꽃병과 꽃		

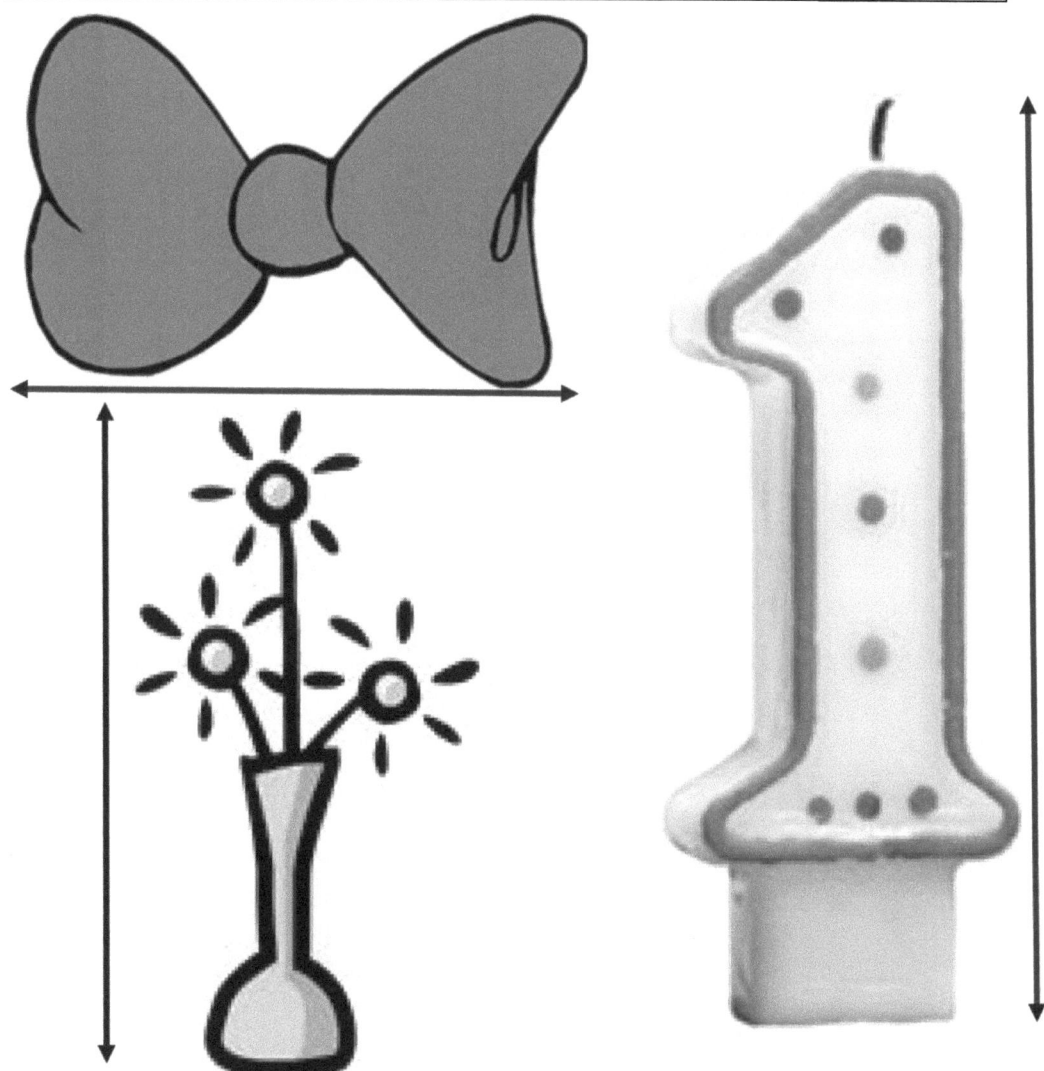

7과 : 일관된 단위로 측정해야 할 필요성을 확인하기 위해 다른 비표준 단위로 주제 B에서 동일한 물체를 동시에 측정하세요.

읽기

나는 크레용이 2개 있습니다. 각 크레용은 9 센티미터 길이입니다. 나는 또한 한 개의 붓이 있습니다. 붓은 2개의 크레용과 같은 길이입니다. 붓은 몇 센티미터 큐브 길이입니까? 센티미터 큐브를 사용하여 문제를 해결하십시오. 그런 다음 그림을 그리고 질문에 답할 수있는 식과 명제를 작성하세요.

그리기

쓰기

이름 _____ 날짜 _____

측정하기 위해 사용할 길이 단위에 동그라미를 치세요. 모든 물체에 동일한 길이 단위를 사용하세요.

작은 종이 클립   큰 종이 클립

이쑤시개   센티미터 큐브

차트에 나열된 각 물체를 측정하고 측정 값을 기록하세요. 교실에 있는 다른 물체의 이름을 추가하고 측정 값을 기록하세요.

교실 물건	측정
a. 막대풀	
b. 마커	
c. 깎지 않은 연필	
d. 개인 화이트 보드	
e.	
f.	
g.	

8과: 측정 값을 다른 측정 값과 비교할 때 동일한 단위를 사용해야한다는 것을 이해하세요.

이름 _____ 날짜 _____

측정하기 위해 사용할 길이 단위에 동그라미를 치세요. 모든 물체에 동일한 길이 단위를 사용하세요.

작은 종이 클립			큰 종이 클립

이쑤시개			센티미터 큐브

측정하고자 하는 물체 두 개를 책상에서 선택하세요. 각 물체를 측정하고 측정 값을 기록하세요.

교실 물건	측정
a.	
b.	

8과: 측정 값을 다른 측정 값과 비교할 때 동일한 단위를 사용해야한다는 것을 이해하세요.

읽기

코리는 14 센티미터 길이의 매우 멋지고 아주 긴 크레용을 구입합니다. 그의 일반 크레용은 길이가 9 센티미터입니다. 센티미터 큐브를 사용하여 코리의 새 크레용이 그의 일반 크레용보다 얼마나 더 긴지 알아 보세요.

설명을 써서 질문에 답하세요. 식을 써서 어떻게 했는지 보여 주세요.

그리기

�기

_____

_____

_____

이름 _____   날짜 _____

1. 아래 그림을 보세요. 기타 A가 기타 B보다 얼마나 더 긴가요?

기타 A는 기타 B보다B_____ 단위 더 깁니다.

2. 센티미터 큐브로 각 물체를 측정하세요.

파란색 펜은 _____ .

노란 펜은 _____ _____ .

3. 파란색 펜보다 노랑색 펜이 얼마나 더 긴가요?

   노란 펜은 파란색 펜보다 _____ 센티미터 더 깁니다.

4. 파란색 펜이 노란색 펜보다 얼마나 더 짧은가요?

   파란색 펜은 노란 펜보다 _____ 센티미터 더 짧습니다.

센티미터 큐브를 사용하여 각 문제의 모형을 만드세요. 그런 다음, 모형의 그림을 그리고 식과 설명을 써서 풀어 보세요.

5. 오스틴은 13 센티미터 길이의 기차를 만들고 싶어합니다. 그의 기차가 이미 9 센티미터 큐브 길이라면, 몇 개의 큐브가 더 필요합니까?

6. 키아의 배는 길이가 12 센티미터이고 메간의 배는 길이가 8 센티미터입니다. 메간의 배가 키아의 배보다 얼마나 더 짧은가요?

7. 킴은 엄마를 위해 14 센티미터 길이의 리본을 자릅니다. 그녀의 엄마는 리본의 길이가 8 센티미터라고 말합니다. 리본의 길이는 얼마가 되어야 하나요?

8. 리의 강아지의 꼬리는 길이가 15 센티미터입니다. 키트의 강아지의 꼬리 길이가 9 센티미터이면 리의 강아지의 꼬리는 키트의 강아지의 꼬리보다 얼마나 더 긴가요?

이름 _____   날짜 _____

센티미터 큐브를 사용하여 문제의 모형을 만드세요. 그런 다음, 모형의 그림을 그리세요.

모나의 머리카락은 7 센티미터 자랐습니다. 클레어의 머리카락은 15 센티미터 자랐습니다. 모나의 머리카락이 클레어의 머리카락보다 얼마나 덜 자랐나요?

단위 이야기 | 10과 응용 문제 | 1•3

읽으세요

테이블에는 측정할 14개의 항목이 있었습니다. 나는 이미 그것들 중 5개를 측정했습니다. 측정할 항목이 몇 개 더 있습니까?

그리세요

10과: 데이터를 수집, 분류, 정리하세요. 그런 다음 측정점의 수에 대해 질문하고 대답하세요.

쓰세요

측정할 항목이  개 더 있습니다.

이름 _____ 날짜 _____

한 무리의 사람들이 자신이 좋아하는 색을 말하도록 질문 받았습니다. 셈 표시를 사용하여 데이터를 구성하고 질문에 답하세요.

빨강	
초록	
파랑	

1. 몇 명의 사람들이 좋아하는 색으로 빨간색을 선택했나요? _____ 명의 사람들은 빨간색을 좋아합니다.

2. 파란색을 가장 좋아하는 색으로 선택한 사람은 몇 명인가요? _____ 명의 사람들은 파란색을 좋아합니다.

3. 녹색을 가장 좋아하는 색으로 선택한 사람은 몇 명입니까? _____ 명의 사람들은 녹색을 좋아합니다.

4. 어느 색이 가장 적은 표를 받았나요? _____

5. 자신이 좋아하는 색을 질문 받은 사람의 합계를 나타내는 식을 쓰세요.

_____

이름 _____   날짜 _____

한 그룹의 학생들이 점심으로 무엇을 먹었는지 질문 받았습니다. 다음 질문에 답하려면 아래 데이터를 사용하십시오.

학생 점심

점심	학생 수
샌드위치	3
샐러드	5
피자	4

1. 피자를 먹은 학생들의 합계는 몇 명인가요? _____명의 학생(들)

2. **가장 많은** 수의 학생들이 먹은 점심은 무엇이었나요? _____

3. 피자나 샌드위치를 먹은 학생의 합계는 몇 명인가요?

   _____명의 학생(들)

4. 점심으로 무엇을 먹었는지 질문받은 학생들의 합계에 대한 덧셈식을 쓰세요.

   _____

읽으세요

래리는 친구에게 개나 고양이가 더 똑똑한지 물었습니다. 그의 친구 중 9명은 개가 더 똑똑하다고 생각하고 6명은 고양이가 더 똑똑하다고 생각합니다. 래리의 데이터 수집을 보여주는 표를 만드세요. 그는 몇 명의 친구에게 물었나요?

그리세요

쓰세요

_____

_____

_____

11과 : 데이터를 수집, 분류, 정리하세요. 그럼 다음, 측정점의 수에 대해 질문하고 대답하세요.

이름 _____ 날짜 _____

데이터 데이에 오신 것을 환영합니다! 지시에 따라 데이터를 수집하고 정리하세요. 그런 다음, 데이터에 대한 질문에 묻고 답하세요.

- 질문을 선택하세요. 선택한 것을 동그라미 치세요.
- **3**개의 답변을 선택해서 고르세요.
- 반 친구들에게 질문하고 세 가지 선택을 보여주세요. 기록 수업 목록의 데이터.
- 아래 차트에서 데이터를 구성하세요.

어떤 과일을 여러분은 가장 좋아하나요?	어떤 간식을 여러분은 가장 좋아하나요?	여러분은 놀이터에서 무엇을 가장 하고 싶나요?	어느 학교 과목이 가장 마음에 드나요?	가장 좋아하는 동물은 무엇인가요?

답변 선택	학생 수

11과 : 데이터를 수집, 분류, 정리하세요. 그럼 다음, 측정점의 수에 대해 질문하고 대답하세요.

- 질문 문장 프레임을 완성하여 데이터에 대한 질문을 하세요.
- 짝과 종이를 교환하고 짝이 여러분의 질문에 답하도록 하세요.

1. 몇 명의 학생들이 _____를 가장 좋아했나요?

2. 가장 적은 표를 받은 종류는 무엇인가요? _____

3. 얼마나 더 많은 학생들이 _____ 보다 _____ 을 좋아했나요?

4. _____ 또는 _____ 을 최고로 좋아하는 학생의 합계는 몇 명인가요?

5. 몇 명의 학생이 질문에 대답 했나요? 어떻게 알 수 있나요?

이름 _____   날짜 _____

한 학급은 아래 차트의 정보를 수집했습니다. 학생들은 서로 물었습니다 : 동물 인형, 장난감 자동차, 블록 중에서 가장 좋아하는 장난감은 무엇인가요?

그런 다음, 이 차트의 정보를 구성했습니다.

장난감	학생 수
동물 인형	11
장난감 자동차들	5
블록	13

1. 장난감 자동차를 선택한 학생은 몇 명입니까? _____

2. 몇 명의 학생들이 동물 인형보다 블록을 선택했나요? _____

3. 블록을 선택한 학생 수와 동일한 수의 장난감 자동차를 선택해야 하는 학생은 몇 명인가요? _____

읽으세요

킹스턴의 수업은 동물원 견학을 갔습니다. 그는 자신이 좋아하는 아프리카 동물에 대한 데이터를 수집했습니다. 그는 2마리의 사자, 11마리의 고릴라, 그리고 7마리의 얼룩말을 보았습니다. 그의 표는 어떻게 생겼나요? 표를 보고 반 친구가 대답할 수있는 질문 하나를 작성하세요.

그리세요

쓰세요

_____

_____

_____

12과 : 데이터 세트에 대한 다양한 단어 문제 유형을 세 가지 범주로 묻고 답하세요.

단원 이야기

이름 _____   날짜 _____

간격 또는 겹침이 없는 사각형을 사용하여 그림의 데이터를 구성하세요. 여러분의 **사각형을** 조심스럽게 나열하세요.

좋아하는 아이스크림 맛   □ = 학생 1 명

맛	학생 수
□ 바닐라	
■ 초콜릿	

1. 얼마나 **더 많은** 학생들은 바닐라보다 초콜릿을 좋아했나요? _____ 명의 학생

2. **총 몇 명의** 학생들이 가장 좋아하는 아이스크림 맛에 대해 질문을 받았나요?

   _____ 명의 학생

신발   학생 수   □ = 학생 1 명

신발의 종류	학생 수
벨크로	(4칸)
끈	(7칸)
끈 없	(5칸)

3. 식을 작성하여 **총 몇 명의** 학생들이 그들의 신발에 대해 질문 받았는지 보여주세요.

   _____

4. 식을 작성하여 얼마나 **더 적은 수의** 학생들이 끈보다 벨크로 신발을 신는지 보여주세요.

   _____

수업 시간에 각 학생은 자신이 좋아하는 종류의 애완 동물을 보여주기 위해 스티커 메모를 추가했습니다. 그래프를 사용하여 질문에 답하세요.

좋아하는 애완 동물   = 학생 1 명

개	물고기	고양이
9	4	6

학생 수

5. 개나 고양이를 좋아하는 애완 동물로 선택한 학생은 몇 명인가요?

_____ 명의 학생

6. 고양이보다 개를 가장 좋아하는 애완 동물로 선택한 학생은 몇 명입니까?

_____ 명의 학생

7. 물고기보다 고양이를 선택한 학생은 몇 명인가요?

_____ 명의 학생

이름 _____   날짜 _____

간격 또는 겹침이 없는 사각형을 사용하여 그림의 데이터를 구성하세요. 여러분의 **사각형을** 조심스럽게 나열하세요.

동물원에서 좋아하는 동물

	학생 수	
동물원 동물들	학생 수	
	코끼리	
	사자	

각 사진은 1명의 학생 투표를 나타냅니다.

1. 식을 작성하여 **총 몇 명의** 학생들이 동물원에서 가장 좋아하는 동물에 대해 질문 받았는지 보여주세요.

   _____

2. 식을 작성하여 얼마나 **더 적은 수의** 학생이 기린보다 코끼리를 좋아하는지 보여주세요.

   _____

단위 이야기 | 13과 응용 문제

읽으세요

조는 가장 가까운 3명의 친구를 위해 우정의 목걸이를 만들었습니다. 그래프를 만들어서 그녀가 사용한 두 가지 색의 구슬을 보여주세요. 그녀는 릴리를 위해 녹색 구슬 8개를, 자밀라를 위해 자주색 구슬 4개를, 세이지를 위해 12개의 녹색 구슬을 사용했습니다. 그녀는 얼마나 많은 녹색 구슬을 사용했나요?

그리세요

13과 : 데이터 세트에 대한 다양한 단어 문제 유형을 세 가지 범주로 묻고 답하세요.

쓰세요

_____

_____

_____

단위 이야기   13과 문제 세트   1•3

이름 _____   날짜 _____

그래프를 사용하여 질문에 답하세요. 빈칸을 채우고 문제를 해결하기 위해 오른쪽에 식을 쓰세요.

등교일 날씨   ☐ = 1 일

맑 ☀	비 ☂	흐림 ☁
(4칸)	(7칸)	(5칸)

수업 일수

1. 맑은 날보다 흐린 날이 몇 일 더 많았나요?

   맑은 날보다 흐린 날이 _____ 일 더 많았습니다. _____

2. 비가 오는 날보다 흐린 날이 몇 일이 더 적었나요?

   비오는 날보다 흐린 날이 _____ 일 더 많았습니다. _____

3. 맑은 날보다 비오는 날이 몇 일 더 많았나요?

   맑은 날보다 비오는 날이 _____ 일 더 많았습니다. _____

4. 수업에서 날씨를 추적한 총 일수는 몇 일인가요?

   수업은 총 _____ 일을 추적했습니다. _____

5. 다음 수업일수 3일이 맑다면, 전체 수업일수 몇 일이 맑을까요?

   _____ 일이 맑을 것입니다. _____

13과 :   데이터 세트에 대한 다양한 단어 문제 유형을 세 가지 범주로
         묻고 답하세요.

269

그래프를 사용하여 질문에 답하세요. 빈칸을 채우고 문제 해결에 도움이 되도록 식을 쓰세요.

좋아하는 과일　　　😊 = 학생 1 명

6. 사과보다 바나나를 선택한 학생은 몇 명 적었나요?

   _____명 더 적은 학생이 사과보다 바나나를 선택했습니다. _____

7. 포도보다 바나나를 선택한 학생들은 몇 명 더 많았나요?

   _____명 더 많은 학생들이 포도보다 바나나를 선택했습니다. _____

8. 사과보다 포도를 선택한 학생은 몇 명 더 적었나요?

   _____명 더 적은 학생들이 사과보다 포도를 선택했습니다. _____

9. 몇 학생들이 더 자신이 좋아하는 과일에 대해 대답했습니다. 응답한 총 학생수가 20명이라면, 몇 명의 학생이 더 응답했나요?

   _____명의 학생들이 더 질문에 대답했습니다. _____

이름 _____   날짜 _____

그래프를 사용하여 질문에 답하세요.

백합 농장의 동물   ☐ = 동물 1 마리

양	소	돼지
3	6	4

(동물의 수)

1. 릴리의 농장에는 몇 마리의 동물이 있나요? _____ 마리의 동물

2. 릴리의 농장에는 돼지보다 양이 몇 마리 더 적나요? _____ 마리 더 적은 양

3. 릴리의 농장에는 양보다 소가 몇 마리 더 있나요? _____ 마리 더 많은 소

13과: 데이터 세트에 대한 다양한 단어 문제 유형을 세 가지 범주로 묻고 답하세요.

크레딧

Great Minds®는 모든 저작권 자료 재인쇄 허가를 얻기 위해 모든 노력을 기울이고 있습니다. 저작권이 있는 자료의 소유자가 여기에서 인정되지 않은 경우, 앞으로 이 모듈의 개정 판 및 재판에 대하여 Great Minds에 적절한 승인에 대해 문의해 주시기 바랍니다.

Printed by Libri Plureos GmbH in Hamburg, Germany